加德纳趣味数学

经典汇编

歪招、月球鸟及数字命理学

马丁·加德纳 著　楼一鸣 译

 上海科技教育出版社

图书在版编目(CIP)数据

歪招、月球鸟及数字命理学/(美)马丁·加德纳著；楼一鸣译. —上海：上海科技教育出版社，2017.5
（加德纳趣味数学经典汇编）
ISBN 978-7-5428-6504-5

Ⅰ.①歪…　Ⅱ.①马…　②楼…　Ⅲ.①数学—普及读物　Ⅳ.①O1-49

中国版本图书馆CIP数据核字(2016)第255930号

献给

约翰·霍顿·康韦

他对趣味数学

兼具深度、优雅与幽默感的

持续贡献是世上独一无二的

The road to wisdom? Well it's plain & simple to express

Err
and err
and err again
but less
and less
and less

The road to wisdom? Well it's plain & simple to express PIET HEIN

皮特·海因（Piet Hein）的一首格言诗，刻在了外周为超椭圆的石板上（见158页）。

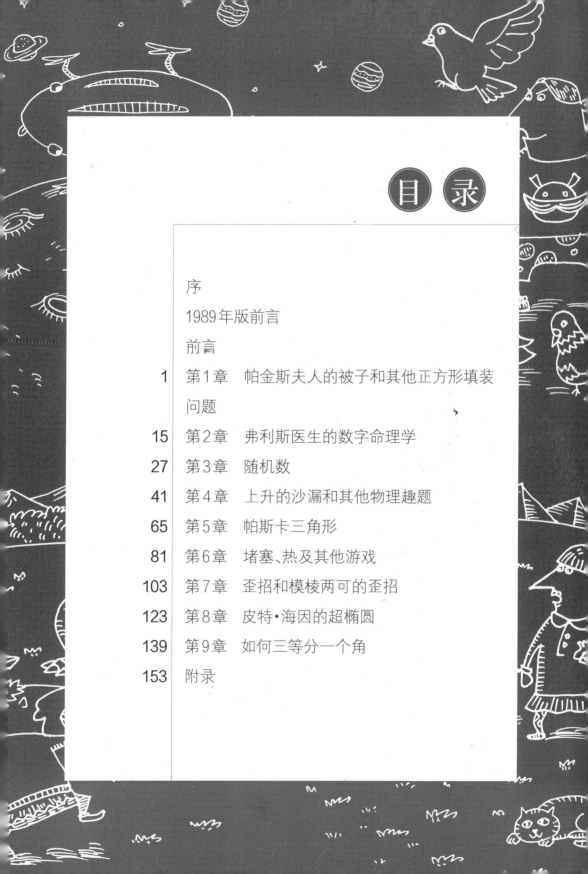

目 录

加德纳是一位了不起的人物。他最为人熟悉的身份,是《科学美国人》数学游戏专栏多年的作者。每个月成千上万的杂志读者会迫不及待地翻到加德纳的专栏,找寻趣味数学世界有什么新鲜事。无论他是在叙述矩阵博士的诙谐趣事,还是对一些近期的研究给出一个旁征博引的阐述,这些文章的风格总是那么平易近人,简明易懂。

我有幸几次去到加德纳以前在纽约哈德孙河畔黑斯廷斯村的房子里,拜访他和他的妻子夏洛特。欢乐的时光大多用在了欧几里得大道上的那座房子的顶层,那是加德纳的书斋。里面充满了各种谜题、游戏、机械玩具、科学趣题,以及许多其他有趣的物件,完全像是个巫师的老巢。这倒不是不恰当,马丁正是一个观察敏锐的业余魔术师,拥有许多魔术书籍,当然了,也有一套鲍姆(L. Frank Baum)所撰写的奥兹国系列书。他的其他书也同样有趣。还有什么地方你可以随意从书架上拿下一本书来,然后发现,这完全是一本小说,里面却没有用到一个字母"e"呢?

不要就此下结论说,加德纳他就是一个彻头彻尾的怪人。事实上,他是一位极为理性的人,对于骗局、骗子或者任何类型的骗术毫不留情。他撰写了多篇文章,揭露各种骗局,并且还有一本佳作《打着科学名义的风潮与谬论》(*Fads and Fallacies in the Name of Science*),其中你可以读到许多如今仍然盛行一时的谬论。那本书,尽管笔调很轻松,却是经过谨慎研究的作品,一如他所

有的作品一样。事实上，他是一位学问渊博的人，拥有芝加哥大学的哲学学位，并且写下了关于这么多论题的著作，这几乎令人难以置信，特别是像他这样一位安静而谦虚的人。

在加德纳的书斋里，令我最感兴趣的是那个文件柜。加德纳定期给一群人写信，这些人中有专业的数学家，也有热情的业余爱好者。无论他们创作了什么样的数学项目，都会被插入到精心排列、加上索引的文件柜里，其中也包含许多3.5英寸软磁盘，与他的《科学美国人》专栏以任何方式相关的任何事物的描述都会被记录在上面。

加德纳的专栏常常谈论的是其他人的作品。也许是委内瑞拉的一个在校女生X小姐，写信给他探讨一个从她的朋友那里听来的问题。看一遍这个文件柜，可能会有一篇来自于Z大学Y教授的研究论文，探讨的是类似的问题。加德纳会写信给Y教授，讨论X小姐的问题，或许一两个月以后，会出现一篇专栏文章，对这个问题给出一个比Y教授更为简单的解释。

加德纳一直声称，他并不是数学家，这也正是他能够如此明白地对外行解释数学的原因。他发掘了不少趣味数学的优美文章，从而影响了这么多的非数学家，间接的影响更多。其实，大多数我遇见的年轻数学家，都充满热情地告诉我，"马丁·加德纳的专栏"是如何一路陪伴着他们成长起来的。

这本书中的很多内容，都勾起了我对去马丁家拜访的回忆。《帕金斯夫人的被子》（第1章）是我最早寄给他的一封信中所讨论的主题，而且我们肯定在厨房的桌子上，玩过一些萌芽游戏（《幻星、萌芽游戏及心算奇才》第1章）。看起来，20年来，在萌芽游戏上，没有新的知识出现——谁确实拿下了7个点的普通模式游戏，或者5个点的"悲惨"模式游戏？

加德纳善良地在《幻星、萌芽游戏及心算奇才》第7章的参考文献里标注了我的"末日"日历规则。当然，他并没说他才是那个起草这一规则的人，它是在我对欧几里得大道为期两周的一次访问时,被丰富完善起来的;而上升的沙漏(第4章),则是在那里壁炉台上奇妙的物件之一。

下面是一个简单的方法,可以很快地收回买这本书所付的钱。召集十个或更多的人,并且问他们,一辆没有骑手的自行车,当一个人把底下的踏板往后拉时(同时有其他人扶着它,只是防它倒下),会发生什么事。承诺要是谁答对,就给谁25美分,前提是,任何答错的人都要给你25美分。允许他们尽情讨论,但是不可以进行试验。然后所有人出发去找来一辆自行车,然后看着它发生那件不可思议的事(第4章,第20道题)。至今为止,我每次尝试都至少赢来一美元。

你可能已经注意到,这本再版并再次发行的书,一如原来的版本,都是献给我的。在我与伯利坎普(Elwyn Berlekamp)、盖伊(Richard Guy)的合著《稳操胜券之道》(*Winning Ways*)一书中,我已经回致了敬意。我们将其献给

马丁·加德纳,

他为数百万人群带去了数学,

比其他任何人都要多。

约翰·康韦

新泽西州普林斯顿大学

1989年3月

1989年版前言

由 Knopf 出版社发行的,我《科学美国人》专栏的三本合集,现在已绝版了。这三本书都将由美国数学协会重印。

除了小小的纠正外,原义保持不变。我已经在大部分章节中增添了一个啰唆的补遗。

我想特别感谢康韦,现在是普林斯顿大学的数学教授,他为这个新版本撰写了序。还要感谢我的编辑伦兹(Peter Renz)接手了这三本书,并且顺畅地引领着这本书到了出版阶段。

马丁·加德纳
1988年10月

一位数学老师,无论他有多么爱他的学科,无论他怀有多强烈的沟通意愿,永远面临着一个巨大的困难:如何令他的学生保持清醒?

对于一个写数学书的外行而言,不管他有多努力,想要避免使用术语,并且令他的讨论主题对读者的胃口,都面临着一个相类似的问题:怎样才能令他的读者继续翻看下一页?

"新数学"被证明没有任何帮助。当时的想法是最大限度地减少死记硬背的学习,强调"为什么"算术过程这样进行。不幸的是,学生们发现,交换律、分配律、结合律和基本集合论的语言,比起乘法表来说,更加沉闷无趣。纠结于新数学的平庸老师,变得更为平庸,而表现糟糕的学生,只学了一些除了发明该术语的教育家本人外没有人会使用的术语,而其他几乎什么也没有学到。有几本书是专为了对成人解释新数学而撰写的,但是他们比旧数学的书更加乏味。最终,连教师也厌倦了提醒孩子,他写的并不是数字,而是数学符号。克莱因(Morris Kline)的书《为什么约翰尼不会做加法》(*Why Johnny Can't Add*),对此给予了完全的否定。

在我看来,要令学生和门外汉觉得数学有趣,最好的办法是以游戏的精神来学习。到了更高的层次,特别当数学应用于实际问题时,是可以并且应该非常严肃的。但是在较低的水平,没有学生会被激励而去学习高级的群论,即使告诉他,如果他成为一个粒子物理学家,他会发现数学很美丽且令人兴奋,甚

至还很有用。当然，要唤醒一个学生，最好的方法是向他展示有趣的数学游戏、益智题、魔术把戏、笑话、悖论、模型、打油诗，或者任何其他的事物，这些事物无趣的老师会尽量避免，因为他们觉得这看起来太不正经了。

没有人建议一个老师只需要逗乐学生而不做其他任何事。而一本只给门外汉提供益智题目的书，与只讲述严肃数学的书一样的书，毫无效果。显然，必须兼备严肃性和趣味性。趣味性令读者保持清醒，而严肃性则令这游戏有价值。

这就是从1956年12月开始写作以来，我试着在我的《科学美国人》专栏中给出的组合。这些专栏已有6本合集先前出版。这是第七本。与先前的合集一样，专栏文章经过了修订，并且进行了扩充，以跟上当下实际情况，和收录了读者的宝贵意见。

本书涉及的主题丰富多彩，仿佛是一场旅行狂欢节，人们可以欣赏到形形色色的表演，享受不同旅程，尽情领略沿途风光。无论是专业数学家还是仅仅"到此一游"的游客，我希望每一位漫步欣赏这一趟丰富多彩的数学旅途的读者，可以享受到喧闹的乐趣和游戏。假如他真的这样做，当最终旅途结束的时候，他可能会惊讶地发现，甚至不需要努力，他已经吸收了大量不同寻常的数学知识。

马丁·加德纳

1975年4月

第 1 章

帕金斯夫人的被子和其他正方形填装问题

数学和物理学版的《剑桥哲学学会汇刊》(*The Proceedings of the Cambridge Philosophical Society*)，最严肃的英义期刊之一，在1964年7月把读者吓了一跳，它发表的一篇重要文章，标题为《帕金斯夫人的被子》。它是剑桥大学数学家康韦关于趣味几何学中最无用，却很迷人的未解问题之一的技术讨论。

这个问题是一个组合问题大家族中的一员，这个大家族包括将一些小正方形填装到一些更大的正方形中去。这一类问题中最有名的，是将一组两两不同的正方形，在没有任何重叠或留空的情况下，正好放入一个更大的正方形。如果我们将这个更大的正方形视为单位正方形组成的网格，那些大小不等的正方形是沿着网格线分割的，那么，已知最小的可如此分割正方形的边长为175个单位。它可以被分割成24个不等的正方形。读者可以在《迷宫与幻方》(*The 2nd Scientific American Book of Mathematical Puzzles & Diversions*)[①]第221页看到这个正方形的图片，塔特(William T. Tutte)在那本书的一章中，解释了他与朋友们是如何运用电路网络理论来找到这种"化方为正"的。

帕金斯夫人的被子问题(这是英国谜题专家杜德尼在首次介绍这个问题时给它起的名字)和塔特考虑的问题是一样的，只是去掉了一个约束条件：较

---

① 上海科技教育出版社有中译本出版。——译者注

小的正方形无需不同。任何n阶的正方形网格显然可以分成n^2个单位正方形。然而,问题是要确定可分成的正方形的最小个数。这看起来像是一个约束宽松版的塔特问题,但放宽约束条件,并没有令分析稍微容易一点儿。

帕金斯夫人的被子问题最好从最小的正方形开始(见图1.1)。1阶和2阶正方形的解都微不足道。3阶正方形如图所示,有唯一的6个正方形的模式。(旋转和镜射被认为是相同的。)因为4是2的倍数,4阶正方形可以和2阶一样,被分为4个相等的正方形。但由于这仅仅是一个2阶正方形模式的放大版,我们添加一个新的附加条件:那些较小正方形的阶数不能有公因数。

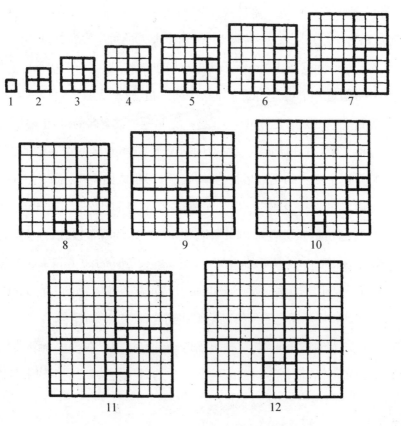

图1.1 前12个正方形的被子问题的解

4

　　这导致了如图所示的最小的7个正方形模式,这个最小的模式无法在更低阶的正方形上画出来。这样的分割被称为正方形的"素分割"。边长为素数的正方形的任何解都是"素分割"。但对于非素数阶正方形,我们必须确保该分割是素的,否则这个最小模式会是另一个正方形的最小模式的简单重复,而这另一个正方形的阶是此正方形边长的最小因数(非1)。帕金斯夫人的被子问题,现在可以准确地形容为,寻找任意阶正方形的最小素分割。前12个正方形的解如图1.1所示。

　　当正方形的阶是斐波那契数列1,1,2,3,5,8,13,…(其中每一项是前两项之和)时,最小的对称素分割是通过将其分割成边长为斐波那契数列的一系列正方形而获得的。这个方法产生了1,2,3,5和8阶的最小模式,如图1.1所示,但是在13阶上失效。图1.2显示了13阶正方形的一个对称斐波那契分割。

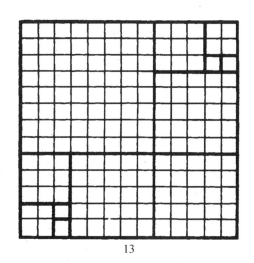

13

图1.2　13阶正方形的对称分割图案

　　读者可以尝试一下,是否可以放弃对称性,即产生一个与其镜像不能重合的模式,把这里的12个正方形减为11个正方形,即最小个数的正方形。

当然,我们想要的是,一个可以找到任意阶正方形的最小素分割的一般过程,以及一个把正方形最小个数表达为较大正方形阶数的函数的公式。这两个问题的解决现在还遥遥无期。康韦证明了一个 n 阶正方形的最小素分割的正方形个数大于等于 $6\log_2 n$,小于等于 $6\sqrt[3]{n}+1$。1965 年,萨塞克斯大学的特拉斯特拉姆(G. B. Trustrum)发表了一个证明,说上确界为 $6\log_2 n$。对于高阶正方形而言,这是康韦结果的一个改进,但离一个明确的公式还远得很。

莫泽(Leo Moser),阿尔伯塔大学数学系主任,他早期在帕金斯夫人的被子问题上的研究被引用在了康韦的文章中。在他的晚年,莫泽转向其他正方形填装问题。比如说,考虑边长形成调和级数 $1/2+1/3+1/4+1/5+\cdots$ 的一系列正方形,这些边长之和无限递增。但这些正方形的面积构成了一个不同的序列,$1/4+1/9+1/16+1/25+\cdots$,它出人意料地收敛在极限 $(\pi^2/6)-1$(出人意料是因为 π 的突然出现),这比 0.6 大一点。莫泽首先问他自己:这个无限的正方形集合是否可以无重叠地放进一个单位正方形中?答案是肯定的。图 1.3 显示了他的简单方法。正方形首先被分割成宽度为 $1/2, 1/4, 1/8, \cdots$ 的长条,由于这个序列的极限和为 1,这种长条的无限集可放在单位正方形里面。在每一个长条中,正方形按其尺寸的降序来放置,从左边一个填充了该长条此端的正方形开始。这样,正方形的这个无穷集合可以舒适地呆在里面,大正方形仅有小于 40% 的部分没有被覆盖。

在 1967 年的论文里,莫泽和他的合作者,同样在阿尔伯塔大学的穆恩(J. W. Moon),把问题推到了极致。他们证明,正方形的这个无穷集合可被放在一个边长为 5/6 的正方形中。(显而易见,不可能有更小的正方形了,因为其中两个最大正方形的边长之和是 $1/2+1/3=5/6$。)在莫泽和迈耶(E. Meier)1968 年的论文中给出了这种紧密填装的模式,剩余的面积约为 8%。在莫泽与他人合写的这两篇论文中,给出了许多其他相关的结果,包括一个优雅的证明,证明

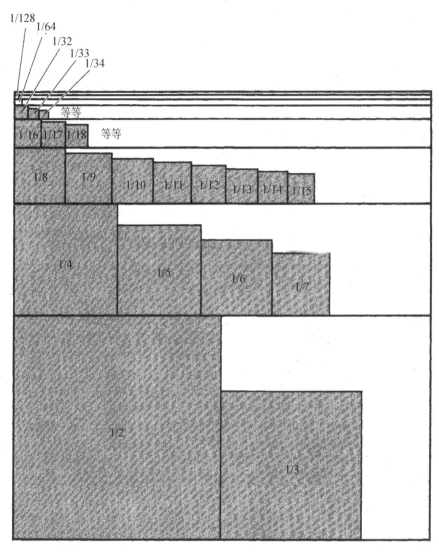

图 1.3 将正方形的一个无穷集合装进单位正方形

任何总面积为 1 的正方形集合可以不重叠地装入一个面积为 2 的正方形。

在众多关于将正方形装入更大正方形的未解问题中,有一个最令人气恼的问题,那是许多年前由马萨诸塞州卡莱尔的布里顿(Richard B. Britton)提出但未发表的一个问题。他看了塔特关于将正方形分割为不等的正方形的文章，随即设想，是否有可能将一个正方形分割为更小的正方形，边长为连续序列1，2，3，4，5，…。当然，仅当对应面积序列的部分和，$1+4+9+16+25+\cdots$，本身是一个平方数时，这才是有可能的。直到前24个平方数相加，才产生了第一个可能。$1^2 + 2^2 + 3^2 + \cdots + 24^2$的总和是4900，即$70^2$。奇怪的是，这之后再没出现第二个。

关于4900这一独特性的发现，有一个有趣的历史，涉及一种三维的"形"数，称为"金字塔数"。金字塔数是一种炮弹集合的基数，这些炮弹可以一颗不剩地被堆叠成正四棱锥，即底面为正方形的金字塔。这种金字塔的每层都是由炮弹组成的正方形，开始时顶部有一个，下一层4个，再下一层9个，以此类推，很容易可以看出，金字塔形数必然是序列$1^2 + 2^2 + 3^2 + \cdots + n^2$的部分和。计算这种数的公式，可写成以下形式：

$$\frac{n(n+1)(2n+1)}{6}.$$

一个古老的益智题，求炮弹的最小数，这些炮弹既可以构成底面为四方形的金字塔，也可以重新排列平放在地面上，形成一个完美的正方形。用代数的语言来说，这个问题求的是可以满足丢番图方程的最小正整数m和n的值：

$$\frac{n(n+1)(2n+1)}{6} = m^2.$$

法国数学家卢卡（Edouard Lucas）和后来的杜德尼都推断说，除了$n = 1$，$m = 1$这组平凡解外，$n = 24$，$m = 70$是满足该方程的唯一一对正整数。换句话说，4900是唯一一个比1大，并且既是平方数又是金字塔数的数。直到1918年，沃森[G. N. Watson，在《数学的信使》(*Messenger of Mathematics*)新系列，48期，第1—22页]给出了第一个证明，证明的确如此。

由此，我们知道，如果一个正方形棋盘可以沿格线分为边长为1，2，3，…的

一系列正方形，那么它必然是一个70阶的棋盘。尽管我没有听说过有不可能这样分的证明，但塔特和其他人的工作使这种分法太不可能了，或许要找到一个不可能证明不会很难。现在出现的问题（这就是布里顿提出的问题）是：70阶正方形能够被从这24个正方形的集合中取出的正方形所覆盖的最大面积是多少？当然，并非所有24个正方形都会被用到。假定没有正方形与70阶正方形的边界重叠，并且任意两个正方形都不重叠。

要研究这个问题，可以在有足够细小的方格的方格纸上画一个70阶正方形，或者可以把有较大网格的方格纸重叠着粘贴起来，做成一个70阶正方形，其单位正方形的边长，可以是1/4英寸。用来覆盖的正方形可以用薄卡纸板剪出来（不必将三个最小的正方形也剪出来，它们太小了，不方便操作），最佳的策略是先放大的正方形。最后几乎总能肯定有小空洞，显然可以放入1阶、2阶、3阶的正方形。

一旦你开始将正方形纸板在70阶正方形上推来推去，你很可能被这个问题套住。它有一种特殊的魅力，很类似挑战你能否尽可能多地往卡车上或者手提箱里装东西，但它更有数学精确性。未被覆盖的区域很容易被缩小到200个单位正方形以下，要是再动动脑筋，可以削减到150个正方形以下。

补 遗

本章的问题与在等边三角形内填装等边三角形的问题，以及在立方体内填装立方体的问题显然是类似的。尽管我没有听说过在这两个领域内，有已出版的著作，但康韦和特拉斯特拉姆在他们论文中给出的方法可以应用在上述三角形的问题上。一些读者想知道：布里顿的问题是否有一个立方体的类似题:是否存在一个立方体,它的体积是棱长为从1开始的连续整数的立方体之和?答案是否定的。事实上,人们已知3、4、5是唯一的一串连续整数,其立方和也是一个立方数[参见迪克森(L. E. Dickson),《数论史》(*History of the Theory of Numbers*),第2卷,584—585页]。

布里顿提出的两个问题尚待解决,戈隆布(Solomon W. Golomb)令我注意到了它们:

1. 是否存在一个非1×1的矩形,所有边长为从1到 n 的连续整数的正方形,可以既没有重叠也没有超出边界地将其填满?

2. 是否有可能用边长为从1开始的连续整数的正方形铺满平面?

如果第一个问题的答案是否定的,那么可以填入边长为从1到 n 的连续整数的所有正方形的最小正方形或矩形是什么?康韦、戈隆布和来自秘鲁利马的里德(Robert Reid),都在这个问题上花费了不少时间。对于 n 从1一直到17,在下面康韦提供的表格中,列出了最小正方形的边长,以及未覆盖的区域面积:

n	正方形边长	未覆盖的区域面积
1	1	0
2	3	4
3	5	11
4	7	19
5	9	26
6	11	30
7	13	29
8	15	21
9	18	39
10	21	56

（续表）

n	正方形边长	未覆盖的区域面积
11	24	70
12	27	79
13	30	81
14	33	74
15	36	56
16	39	25
17	43	64

$n = 18$ 及以上的最小正方形边长仍旧未知。康韦的上界和下界表明，$n = 18$ 时的最小正方形边长不是46就是47。要把这18个正方形放进边长为47的正方形里不是难事，未覆盖的区域面积为100。如果正方形可以被放进到边长为46的正方形里，未覆盖的区域面积就仅为7，这个面积太小了，以致于康韦怀疑是否能做得到。

将13阶正方形分割为11个更小正方形的问题，用如图1.4所示的唯一模式就可以解。对于有兴趣探索更高阶正方形的读者而言，14—17阶的正方形被认为有着12个正方形的最小模式，18—23阶的正方形有着13个正方形的最小模式，24—29阶的正方形则有14个正方形的，而30—41阶正方形有15个正方形的，除了40阶似乎需要16

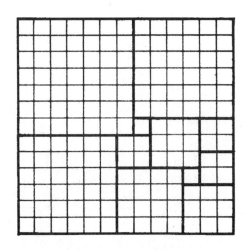

图1.4 13阶正方形问题的解

个正方形。康韦写道,对41阶的解答异乎寻常地难找。所有阶数到
100为止的正方形最多需要19个正方形。

　　大约有250位读者寄来了解答,回答如何用一组24个互不重叠
的正方形,边长为1,2,3,…,24,尽可能多地覆盖70阶的正方形。几
乎所有的解答都将未覆盖面积缩减到100个单位方格以下。其中27
个解答将未覆盖面积减少到49个单位方格,即正好是总面积的1%。
在放置第11至24个正方形时(除了正方形17和18的互换),这27种
模式都是相同的(不计旋转和镜射),并且都是仅仅弃用了7阶正方
形。第一个这样的解答来自卡特勒(Wiliam Culter)。图1.5给出的解
来自于巴顿(Robert L. Patton)。

　　在1974年,伊利诺伊大学厄巴纳校区的计算机科学家莱因戈尔
德(Edward M. Reingold)和他的学生比特纳(James Bitner)进行了一

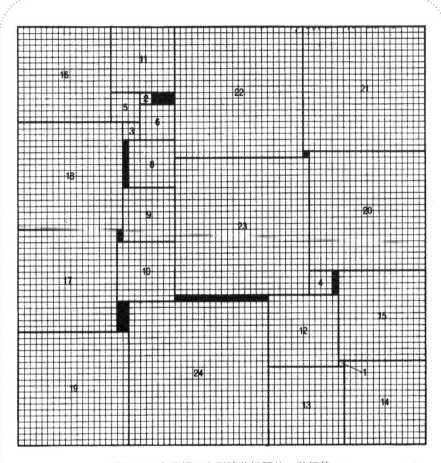

图1.5　布里顿正方形填装问题的一种解答

次彻底的计算机搜索，寻找用那组24个正方形完美地铺砌一个70阶正方形的方式。这次搜索证明了不可能存在完美的铺砌。尽管他们的程序可以找到用这组正方形能够铺砌的最大面积，但这样做却将花费多到不现实的时间。因此，未被覆盖的面积不可能减少到49个单位正方形以下，这仍然是一个猜想。

弗利斯医生的数字命理学

在巴特奥塞,我知道有一座奇妙的森林,遍布蕨类植物和蘑菇,

在那里你将向我揭开更低等动物和孩童世界的秘密。

对你将要出口的话语,我从未如此爱过,

我希望,整个世界不会在我之前听闻,并且,

你将在一年之内带给我们,不是一篇短短的文章,而是一本小书,

它将揭示28和23周期的有机体的秘密。

——弗洛伊德(Sigmund Freud)

致弗利斯(Wilhelm Fliess)的信,1897年

数字命理伪科学历史上最不寻常和最荒谬的片段，是关于一个名叫弗利斯的柏林外科医生的工作。弗利斯迷上了数23和28。他说服自己和其他人相信，在所有的生命现象背后，或许也包括无机物，都有两个基本周期：一个23天的男性周期，和一个28天的女性周期。通过操作这两个数的倍数——有时增，有时减——他几乎能够将他的数字模式强加在一切事物上。在20世纪的早期，他的著作在德国引起了相当大的骚动。几个追随者接过了这个说法，在书籍、宣传册和各类文章中不断完善和修正它。近年来，这项运动已在美国扎了根。

虽然趣味数学家和病理学的学生对弗利斯的数字命理学感兴趣，但在今天，如果不是因为一个令人难以置信的事实，人们几乎不会想起它：10年来，弗利斯是弗洛伊德最好的朋友和知己。大致从1890年至1900年，是弗洛伊德创造力最为活跃的时期，1900年《梦的解析》(*The Interpretation of Dreams*)的出版，使他的创造力达到了巅峰。在这一时期，他和弗利斯以一种古怪而神经质的关系联系在一起——这关系弗洛伊德本人非常清楚，是强烈的潜在同性恋情感。对于早期的精神分析领路人而言，这个故事当然有所耳闻。但它鲜为外人所知，直到1950年，弗洛伊德寄给弗利斯的168封书信结集出版，这是从弗利斯精心保存的284封信中筛选出来的。[这些书信最初以德文出版。名为《精神分析的起源》(*The Origins of Psycho-Analysis*)的英译版于1954年由基础图书出版社(Basic Books)出版。]弗洛伊德曾经知道这些信被保存下来,非常吃惊,他恳求信件的拥有者[精神分析师波拿巴(Marie Bonaparte)]不要准许出版。在回答她关于弗利斯回信的问题时,弗洛伊德说:"我是销毁了信件(弗利斯的信件)还是巧妙地把它们藏了起来,我还不知道呢。"人们认为他已经销毁了信件。有关弗利斯–弗洛伊德友情的完整故事,琼斯(Ernest Jones)在他的弗洛伊德传记里有描述。

当这两人1877年在维也纳第一次见面时,弗洛伊德31岁,还没什么知名度,婚姻幸福美满,在精神病学领域才刚刚起步。作为柏林的鼻咽喉外科医生,弗利斯的事业更为成功,他比弗洛伊德小两岁,还是单身(后来他娶了一位富有的维也纳女子),英俊、自负、聪明、机智,并且在医疗和科学课题上博识多闻。

弗洛伊德以一封恭维的信件开始了他们之间的联系。弗利斯以一份礼物作为回应,然后弗洛伊德寄了一张弗利斯想要的他的相片。到1892年,他们已经不用正式的Sie(您),而改用更亲密的du(你)。弗洛伊德比弗利斯写信更勤,当弗利斯回信很慢时,弗洛伊德常常心烦意乱。当他的妻子正在期待他们的第五个孩子时,弗洛伊德宣称给孩子起名威廉(Wilhelm,弗利斯的名)。事实上,他会为他两个最小的孩子中的某一个起名叫威廉,但是,正如琼斯所说的那样,"幸运的是,她们都是女孩。"

弗利斯的数字命理学的基础首次向世界披露,是1897年在他出版的专著《从生物学角度看鼻子与女性性器官的关系》(*The Relations between the Nose and the Female Sex Organs from the Biological Aspects*)中。弗利斯坚称,每个人实际上都是双性恋。雄性器官的周期节奏是23天,而雌性器官的周期则是28天(不要将雌性周期与月经周期混淆起来,尽管两者在进化起源上是相关的)。

在正常男性中,雄性周期是占主导的,雌性周期被压制。对正常的女性来说,则正好相反。

这两个周期存在于每一个活细胞中,并且在所有生命体中发挥它们的辩证作用。在动物和人类之中,两个周期都是从出生就开始了,孩子的性别由第一个被传输的周期确定。这个过程持续一生,由个人身体和精神活力的起伏表现出来,并最终决定一个人的死亡时间。更有甚者,这两个周期和鼻子的黏膜都有紧密的联系。弗利斯认为他已经发现鼻过敏与所有神经症样症状和性异常之间的关系。他通过检查鼻子来确诊这些病,并在鼻腔内的"生殖器点"使用可卡因来进行治疗。他报告了通过麻醉鼻子导致流产的病例,并且声称还可以通过治疗鼻子来控制痛经。他两次为弗洛伊德的鼻子进行手术。在后来的书中,他辩称,所有的左撇子都是由异性的周期决定的,弗洛伊德对此表示怀疑,他指责弗洛伊德身为左撇子而不自知。

弗利斯的周期理论一开始被弗洛伊德视为生物学上的重大突破。他给弗利斯寄了他自己和他家人生活的23及28天周期的信息。而且,他将自己健康状况的起伏看作是两个周期的波动。他相信,他发现的神经衰弱和焦虑性神经症之间的区别可以用这两个周期来解释。在1898年,他与一本杂志断绝了供稿关系,因为它拒绝收回对弗利斯一本书的猛烈抨击。

曾经有一段时间,弗洛伊德怀疑性乐趣是23天周期能量的释放,而性无趣是28天周期能量的释放。多年来,他预计自己的死亡年龄在51岁,因为它是23和28之和,弗利斯曾告诉他这会是他最为严峻的一年。"51岁对男人来说,似乎是特别危险的一个年龄,"弗洛伊德在他关于梦的书中写道:"我认识一些同事,在那个年龄突然死去,而在他们之中有一个人,他的教授任命被耽误了许久之后,仅仅在他去世几天之前,才得到任命。"

然而,对于弗利斯来说,弗洛伊德接受了他的周期理论,并没有令他激动

万分。他对最微小的批评也有着异乎寻常的敏感,他觉得,在弗洛伊德1896年的信中,他查觉到了一丝对他的系统的隐约怀疑。这标志着他们双方的潜在敌对意识的缓慢开始。弗洛伊德早期对弗利斯的态度一直几乎是对导师和父亲的青少年式依赖。现在他发展了自己的理论,关于神经症的起因以及治疗它的方法。弗里斯对此毫不知情。他辩称,弗洛伊德的想象疗法不过是对应雄性和雌性周期的精神疾病波动。他们两个人的观点显然针锋相对。

正如人们可以从早期的往来信件里预见到的,弗利斯是首先开始疏远对方的人。日渐增长的裂痕令弗洛伊德陷入严重的神经症,在多年痛苦的自我分析之后,他才从病症中走出来。这两人曾经常在维也纳、柏林、罗马等地见面,弗洛伊德戏称为他们的"代表大会"。直到1900年,他们之间的裂痕已经无法修复的时候,我们发现弗洛伊德写道:"从未有一个6个月长的时期,我如此渴望与你和你的家人团聚……你在复活节见面的建议,令我的精神异常振奋。我不仅仅是稚气地向往着春天和更为美丽的风景,我愿倾我所有,换取你在我身边3天……我们应该理性地且科学地进行对话,你美妙的生物学发现,将会唤醒我深深的羡慕。"

然而,弗利斯拒绝了邀请,他们两人直到那年夏末才碰面。那是他们最后一次见面。弗利斯后来写道,弗洛伊德无端地用粗暴的语言攻击他。之后两年,弗洛伊德尝试弥补这个裂痕。他提议他们共同写作一本关于双性恋的书籍。他建议在1902年再见面。这两个建议都被弗利斯拒绝了。1904年,弗利斯愤怒地公开谴责弗洛伊德曾向斯沃博达(Hermann Swoboda)泄露了他的一些想法,斯沃博达是弗洛伊德的一名年轻病人,后来此人以自己的名义将这些想法出书。

最后一次争吵似乎发生在慕尼黑花园酒店的一间餐厅里。在这之后有两次,当弗洛伊德在这个房间里出席关于心理分析运动的会议时,他经历了一种严厉的愤怒攻击。琼斯回忆说,有一次在1912年,他和一群人,包括弗洛伊德

和荣格(Jung)，在这间房间吃午餐。弗洛伊德和荣格之间已嫌隙渐生。当两人开始温和地争执时，弗洛伊德突然晕倒。荣格扶他到沙发上。"死亡是一件多么有趣的事啊，"弗洛伊德苏醒时说道。后来，他向琼斯吐露了自己抨击荣格的原因。

弗利斯写了很多关于他的周期理论的书和文章，但他的巨著是厚达584页的《生命的节奏：一种精确生物学的基础》(*The Rhythm of Life: Foundations of an Exact Biology*)，1906年在莱比锡出版(第二版，维也纳，1923)。这本书是日耳曼狂人的一部杰作。弗利斯的基本公式可以写成$23x + 28y$，其中x和y为正整数或负整数。几乎在每一页上，弗利斯都能把这个公式套用在任意自然现象上，小至细胞，大到太阳系。比如说，月球环绕地球的周期在28天左右，一个完整的太阳黑子周期差不多是23年。

这本书的附录中满是这样的表格：365(一年的天数)的倍数，23的倍数，28的倍数，23^2的倍数，28^2的倍数，以及644(即$23 × 28$)的倍数。黑体字是一些重要的常数，例如12 167(即$23 × 23^2$)，24 334(即$2 × 23 × 23^2$)，36 501(即$3 × 23 × 23^2$)，21 952(即$28 × 28^2$)，43 904(即$2 × 28 × 28^2$)等等。有一张表格列出了数1到28，每个数都表示成28与23的倍数差。例如，$13 = (21 × 28) - (25 × 23)$。另一张表格中将数1到51(即$23 + 28$)表示成23和28的倍数的和与差。例如，$1 = (1/2 × 28) + (2 × 28) - (3 × 23)$。

弗洛伊德在许多场合承认他的数学能力差到无可救药。弗利斯懂得基本算术运算，但也就比他好一点点。他没有意识到，如果使用任意两个没有公因数的正整数来代替其基本公式中的23和28，也可以用来表达任何正整数。难怪这个公式与自然现象可以这样一拍即合！用23和28作例子很容易验证这一点。首先确定，x和y为何值时可得到公式的值为1。那就是：$x = 11, y = -9$

$$23 × 11 + 28 × (-9) = 1。$$

现在想要得出任何想要的正整数,可以非常简单地通过如下方法:

$$23 \times (11 \times 2) + 28 \times (-9 \times 2) = 2$$
$$23 \times (11 \times 3) + 28 \times (-9 \times 3) = 3$$
$$23 \times (11 \times 4) + 28 \times (-9 \times 4) = 4$$
$$\cdots$$

正如斯普拉格(Roland Sprague)日前在一本德国的益智书中提到,即使 x 和 y 的负值被排除在外,要表示大于一个确定整数的所有正整数还是可以的。斯普拉格问道,在不能用这个公式表达的有限正整数集合中,最大的数是几?换言之,用公式 $23x + 28y$,无法通过将 x 和 y 代以非负整数来表示的最大数是几?

弗洛伊德最终意识到,弗利斯表面上惊人的结果不过是数字命理学的把戏。1928年(注意那看似熟悉的28)弗利斯逝世以后,德国的物理学家艾尔比(J. Aelby)出版了一本书,彻底地反驳了弗利斯的谬论。然而那个时期,23 – 28邪教在德国根深蒂固。于1963年逝世的斯沃博达,是这一邪教的第二位最重要的人物。作为维也纳大学的心理学家,他花了大量时间来调查、捍卫和撰写与弗利斯周期理论相关的文章。在他的与对手争辩的杰作、576页的《第七年》(*The Year of Seven*)中,他报告了他对于数百个族谱的研究,证明例如心脏病发作、死亡以及重大疾病的发作往往落在某些关键的日子,而这可以在一个人的雄性和雌性周期基础上算出来。他应用周期理论进行梦的解析,弗洛伊德在他关于梦的书上一个1911年的脚注中批评了这个应用。斯沃博达还设计了用于确定关键日期的首个计算尺。如果没有这样的设备或精心制作的表格辅助,关键日期的计算是繁琐而棘手的。

尽管这可能看起来令人难以置信,直到1960年代,弗利斯的系统在德国和瑞士仍然有一小群忠心耿耿的信徒。在几家瑞士的医院里有医生以弗利斯

周期为基础来决定做手术的吉日。[这种做法可以追溯到弗利斯。在1925年，亚伯拉罕(Karl Abraham)，心理分析的先驱之一，接受了一次胆囊手术，他坚持要在弗利斯计算出来的好日子进行手术。]对于雄性和雌性的周期，现代的弗利斯理论家又添加了第三个周期，称之为智力周期，长度为33天。

皇冠(Crown)出版社出版了两本关于瑞士弗利斯系统的书：《生物节奏》(*Biorhythm*)，1961年，万恩利(Hans J. Wernli)著，以及《这是你的日子吗》(*Is this Your Day*)，1964年，托曼(George Thommen)著。托曼是一家供应计算器和制图工具包的公司的总裁，其公司的制图工具包可以用来绘出一个人的周期。

三个周期从出生时开始，贯穿于整个生命过程，虽然其振幅随着年龄的增长而递减。雄性周期支配了阳刚特质，例如体能、信心、侵略性和耐力。雌性周期则控制了女性特征，例如感情、直觉、创造力、爱、合作、快乐。新发现的智力周期支配了男女双方的精神力量：智力、记忆力、注意力、思维敏捷度。

在一个周期高于表格中水平零度线的日子里，由该周期所控制的能量被释放。这是活力和效率最高的日子。在周期低于水平线的日子里，能量被重新填充。这些都是活力降低的日子。当你的雄性周期很高，你的其他周期很低，你可以进行出色的体力劳动，但灵敏度和精神警觉性都很低。如果你的雌性周期很高，而你的雄性周期很低，那么去参观一家艺术博物馆会很不错，但你可能很快就疲倦了。读者可以很容易地猜测出其他周期模式在其他常见生活事件中的应用。我省略了关于预测未出生孩子性别，或计算两个人之间的节奏"兼容性"的方法的细节。

最危险的日子是周期，特别是23或28天的周期，穿越水平线的那些日子。一个周期中从一个相过渡到另一个相的日子，被称为"切换点日"。有一个令人愉快的事实是，对任何给定的个体，28天周期的转换点总是出现在一周的同一天，因为这个周期正好是4个星期长。例如，如果你的28天周期的转换点在星期二,那每个周二将是你的雌性能量的关键日子,这将伴随你的一生。

正如人们会预想的,如果两个周期的切换点重合,这一天就是"双重关键日",假如三个周期重合,则是"三重关键日"。托曼和万恩利的书里包含了很多节奏图,表明各种名人死亡的日期,正是两个或更多个周期的转换点重合的日期。盖博(Clark Gable)心脏病(这是第二致命的疾病)发作的那两天,两个周期在切换点。阿迦汗(Aga Khan)死在三重关键日那天。帕尔默(Arnold Palmer)于1962年7月的一个高效期赢得了英国高尔夫球公开赛冠军,并在两周之后的三重低潮期中,输掉了职业高尔夫球协会锦标赛。(外号"小孩"的)拳击手帕雷特(Benny Paret)在三重关键日的一场比赛中被击倒死亡。显然,弗利斯的信徒理应准备一个有关他未来周期模式的表格,这样一来,他就可以在关键日特别小心;然而,由于其他因素在起作用,无法作出严格的推测。

每个周期都有一个整数天数长度,由此可知每个人的节奏图其模式在一个确定的几天间隔后,会重复。这个间隔对每个人都是相同的。例如,每个人出生的 n 天之后,他的三个周期将同时穿越零度水平线开始上升,他的整个模式将重新开始。两个年龄正好相差 n 天的人,他们的周期模式将完全同步。对于读者而言计算 n 的值应该毫无难度。在瑞士弗利斯系统里,它是一个重要的常数。

补　遗

位于纽约第五大道298号的生物节奏电脑公司的总裁托曼,偶尔出现在电台和电视台的谈话节目中,他依然坚定不移地宣传着他的产品。魔术师兰迪(James Randi)在1960年代中期是一位通宵电台脱口秀的主持人,托曼曾两度

做他节目的嘉宾。一次节目之后，兰迪告诉我，新泽西的一位女士给他寄信告诉了她的生日，并且向他索要一张她今后两年生活的生物节奏表。兰迪在寄给她一张真实但基于一个不同生日的图表之后，收到了这位女士热情洋溢的感谢信，声称这张图表与她生活的关键起伏时刻完全吻合。兰迪给她回了信，为搞错她的生日而道歉，并且随信附上一张"正确"的图表，事实上这张和第一张一样都是错误的日期。他很快就收到了一封信，告诉他，新的图表甚至比第一张更准确。

1966年3月份，在第36届大纽约安全委员会的年度会议上托曼的发言，报告了在内布拉斯加大学和明尼苏达大学正在进行的生物节奏研究项目。田多井（Tatai）博士，东京公众卫生部门的医疗主管，已经出版了一本书《生物节奏与人生》（*Biorhythm and Human Life*），使用了托曼的系统。当一架波音727客机于1966年2月坠毁于东京时，托曼说，田多井博士迅速画出了一张飞行员的图表，并且发现该空难发生在其中一名飞行员的周期低落期。

生物节奏似乎在日本比在美国更为人所接受。依照《时代周刊》（*Time*），1972年1月10日，第48页，日本的近江铁路公司计算了其500位巴士司机的生物节奏。每当一名司机在"状态不佳"的日子里被排班，他会收到通知，要加倍小心。在近江公司报告上说事故的发生率下降了百分之五十。

1975年2月的《命运》（*Fate*）杂志，第109—110页，报道了一个"生物节奏、治疗和克里安摄影"的会议，该会议于1974年10月在伊利诺伊州的埃文斯顿举行。资助了这个会议的扎斯克（Michael Zaeske）透露说，传统的生物节奏曲线实际上是真实曲线的"一阶导数"，并且所有的传统图表"有数日的误差"。出席会议的宾客还听取了来自加利福尼亚州的证据：有第四个周期存在，并且全部的四个周期"可能与荣格的四种人格类型有关"。

1975年1月18日的《科学新闻》（*Science News*）第45页，刊登了埃德蒙科学

公司为他们新引进的生物节奏套件(11.50美元)所做的一个大幅广告,包含精密制造的戴尔格拉夫计算器。假如任何读者愿意将他的生日寄去,并且付15.95美元的话,该公司还提供一个"准确计算且个性化"的12个月生物节奏图表报告。人们很想知道,爱德蒙所用的是传统图表(可能有三天的时间差),还是扎斯克改良过的系统。

  无法用两个互素的正整数 a 和 b 的倍数之和来表示的最大正整数等于 $ab - a - b$。在我们的这个例子中:$23 \times 28 - 23 - 28 = 593$。想证明这个公式,参见斯普拉格的《数学中的乐趣》(*Recreation in Mathematics*)问题26的解[伦敦:布莱吉(Blackie)出版社,1963年]。

  第二个问题是要确定,何时一个人的生物学图表,如瑞士学校基于弗利斯的工作而得出的那样,会形成一个完整的周期,并开始重复相同的模式。这3个重叠的周期分别长23、28和33天。这些数彼此互素(没有公因数),因此,组合的模式不会重复,直至时间流逝 $23 \times 28 \times 33 = 21\ 252$ 天后,或者说58年多一点点。由于弗利斯的系统并没有将33天的周期包括进去,他的周期模式间隔 $23 \times 28 = 644$ 天后重复。瑞士的弗利斯派称之为"生物节奏年"。计算两个个体间的"生物节奏相容性"非常重要,因为任何两个出生日期相隔644天的人会在他们两个最重要的周期上发生同步。

第 ③ 章

随 机 数

地是空虚混沌，渊面黑暗。

——《创世纪1:2》

1955 年,自由(Free)出版社出版了一本由兰德公司编撰的叫做《有 100 000 个正态离差的一百万个随机数字》(*A Million Random Digits with 100000 Normal Deviates*)的书,该出版社如今是麦克米伦出版公司的一个分部。一个样张仅包含了从0到9这10个数字的重复。它们是以非常规整的方式打印在页面上的,每组5个,但兰德公司的数学家尽可能随机地打乱了数字的顺序。

"这样一本书完全是20世纪的产物,"物理学家博克(Alfred M. Bork)在1967年春天的《安提阿评论》(*Antioch Review*)上一篇题为"随机性与20世纪"的文章中写道。"这在任何其他时代都不可能出现。我的意思并不是强调不存在做这件事的机制,尽管这也是事实。更值得关注的是,在20世纪以前,没有人想过制作这样一本书的可能性;没人觉得这样的书有用。一个理性的19世纪的人,会把它看成是愚蠢的代名词……"

博克的论点是对随机性的关注在20世纪的文化中随处可见。这种关注来源于19世纪的几种科学——主要是热力学,其中熵是对于无序的衡量,以及进化论,其中自然的选择将有序发展强加在随机突变上。早在20世纪初,随机性已经成为量子力学的基石,是世界的微观结构中一个不可缺少的机会元素。最终,在这个显而易见的偶然性背后,可能存在非随机性的定律(如爱因斯坦认为,他发现这个概念并不怎么令人高兴,正如他曾经表达过的,关于上帝掷骰子的事)。但目前,没有人知道这些定律是什么,假如被找到,量子理论会被替换为一个根本上不同的理论。博克看到了这些科学观念在抽象表现的随机艺术上的影响:在随机音乐方面,有凯奇(John Cage)这样的作曲家;在随机文字游戏上,有《芬尼根守灵夜》(*Finnegans Wake*)这样的书;而对于巴勒斯(William Burroughs)来说,他的技术是把一本小说的页面剪成碎片,像纸牌那样洗一下,然后以随机的顺序把它们打印出来。

或许,也有些艺术家偶然之中从现代技术的过度有序中解放了出来。邓萨尼勋爵(Lord Dunsany)将他在纽约的观光进行了美妙的描述[在他的《三个半球的故事》(*Tales of Three Hemisphere*)中],这城市街道那单调枯燥的规则直角,高楼上那无趣沉闷的矩形窗户,都令他备感压抑。黄昏渐临,这些窗口开始以不规则的图案闪耀起来。“当然,假如现代人用其聪明的谋划掌控这里的话,他早就按下开关,将它们全部照亮;但我们同老一代的人一同归乡,远方的歌在传唱,他们的精神与古怪的传奇和山野同在。窗户一个接一个地在悬崖峭壁上亮起;有的在闪烁,有的则是暗的;人们有序的计划消失了,我们置身于被神秘灯塔照亮的广阔高度……在纽约这里,诗人受到了欢迎。”

亮起灯光的窗户的随机模式是随机数字序列的几何对应。这个序列究竟是什么呢?这很难下结论。如果在一个有限的序列里除了一个数字以外,其他数字都是已知的,而没有一个规律可以用来以 1/10 以上的概率猜出那个缺失的数字,那么通常我们称这样的数字序列为随机的。但这是一个主观的定义,它基于人们对可能的隐含模式的不知。

有没有客观的数学方法来定义一个完全无序的序列呢?显然是没有的。最多能做的,是规定某些对于随机性类型的检验,然后称一个序列随机到了通过这些检验的程度。例如,人们可以坚持要求,一个序列要满足以下的形式标准:

每个数字，或者说"原子单位"，以1/10的频率出现；每个以一次取两个而形成的数字排列，在这个序列的所有数对中，以1/100的频率出现；每个以一次取三个而形成的数字排列，以1/1000的频率出现；对于所有更高的"分子单位"，依此类推。这些数对、三数排列、四数排列等，并不限于相邻的数字。例如，一个对于三数排列的随机性检验，可以挑选三个被任意指定区间所隔离的数字。

0和1之间满足这样一个检验的无穷十进制小数（当然在实践中，只能有极小规模的部分检验；一个完整的检验需要无穷的时间），被称为"正规数"。显然，有理分数的十进制表达法不是正规的；它无限重复着一个序列，比如说1/3，一直在重复3，或者1/97，一直重复着一个96位数字的序列。但是对于无理数的十进制表达，例如$\sqrt{2}$，和更为有名的π和e这样的超越数，都被认为是"正规的"。（超越数是一种无理数，它们不是代数方程的根，但一定能表达为无穷收敛数列的极限。）至少，迄今它们通过了所有对于正规性的检验。

已证明，在0到1之间用十进制来表示的无穷多的实小数中，正规的比不正规的多无穷多个。随机选择一个实数，那么你选到一个不正规数的概率为零（在这里，概率以一个特殊含义而用到）。我们是否可以说，在一个正规的十进制小数中数字序列是随机的呢？有时候可以。在兰德公司的百万随机数字的第一个数字之前放上一个小数点，你就得到了无穷多个正规十进制小数的开头一个。另一方面，π的小数表达，在1974年被计算到了100万位，满足所有的正规性检验，却不能被称为一个随机数列，因为它可以被建构为简单公式的极限。π的每个下一位数字都可以确定地被预测出来。因为它是圆周率，所以它是高度有序的，尽管它除了是圆周率以外，看上去没有明显的规律。

一些读者可能会惊讶地了解到，要建构是无理数但模式明显的无限十进制小数是很容易的。一个仅使用0和1的简单例子就是：

$$0.101\ 001\ 000\ 100\ 001\ 000\ 001\cdots$$

31

第一个1后跟1个0,第二个1后跟2个0,第三个1后跟3个0,依此类推。因为其中没有重复的序列,这个数字是无理数。这是应用简单规则来写出无理数的无数种方法之一。

许多这种类型的被赋以模式的数,甚至可以被证明是超越数。事实上,超越数存在的第一个证明是由19世纪的法国数学家刘维尔(Joseph Liouville)给出的,他找到了这类数——现在被称为刘维尔数——的一个无限集,他证明它们都是超越数。有一个有趣的例子,一个数被证明既是正规的又是超越的,它的模式又是如此简单以至于小孩子就能够把它写出来,仅仅需要将计数数按顺序写下来,即可得到它:

$$0.123\ 456\ 789\ 101\ 112\ 131\ 415\ 161\ 718\ 19\cdots.$$

大多数的数学家现在都认为,一个绝对无序的数字序列是一个逻辑上矛盾的概念。一个序列不可能比天空中星星的分布更为无序了。在以上两种情况中,上述观点的理由是,随着一个数字序列或点的一种分布越来越接近于能满足所有的随机性检验,它开始表现出一种非常罕见和不寻常的统计规律性,在某些情况下甚至能预测缺失的部分。

举一个简单的例子,假设你被要求把数字以完全无序的形式,填入一行10个空格里。如果你重复填了一个或更多的数字,该序列会变得有序,因为它偏向了那些数字。另一方面,如果它完全没有那种偏差,那么它会包含10个数字的每一个。这样的一个序列将会绝对满足一个标准,即不偏向任何一个数字,但为此要付出一个代价:现在这个序列被如此显然地"赋予了模式",以致给出任意九个数字,那个缺失的数字可以被猜出的概率为1。类似的矛盾出现在任何随机数列之中。如果它太过随机,所谓"无序的模式"就会出现。

因此,我们面临着一个奇怪的悖论。我们越是接近一个绝对无模式的序列,就越是接近一种极罕见的模式,以致如果我们碰上这样的序列,就会怀疑

它是由一位数学家精心构建的，而不是由一个随机过程产生的。我们只能在某个相对的意义上说一个数字序列是无序的，即，相对于特定类型检验的无序，而非相对于其他类型检验的无序。

整件事情困难百出。布朗（G. Spencor Brown）在他的著作《概率论与科学推理》(*Probability and Scientific Inference*)（1957年）中，指出了其中的一些悖论，并表明如果人们拿着印刷好的随机数表格认真寻找的话，要找到各种类型的有序性有多容易。布朗自信满满地辩称，许多已出版的超感官知觉测试结果都是任何随机结果的长序列中不可避免的模式的例子。如果这样的模式不出现，则因为没有发现超感官知觉的证据，超感官知觉的支持者不大可能公布结果；当他们真的找到这样的模式时，他们才会发表。或许，假如可以对整个图景作一番观察的话，已公布的模式就不会那么令人惊讶了。

在这里顺带提及一个谜题，欢迎读者来研究下面明显无模式的10个数字的排列：

7480631952。

那些数字是以什么规则排序的？提示：这个排列是循环的。把这个数列想象成一个首尾相连的圆。

当然，这样的序列或者10个数字的任何其他明显有序的序列，可能会碰巧在兰德公司100万个随机数字中的某处出现。如果一个随机数列足够长的话，这样一个令人惊讶的模式肯定可以在其中找到。有些哲学家认为，宇宙可以这样比喻：它是一个巨大而无边的混沌之海中一个偶然的有序片段。博尔赫斯（Jorge Luis Borges）在他著名的短篇小说《巴别图书馆》(*The Library of Babel*)中给出了这个经典的比喻。存在是所有可能组合的无意义集合，无论这些组合的基本微建筑模块是什么。作为我们宇宙的那个偶然有序的小点，就像无限随机数字序列中的序列123456789。

33

一个古老的哲学争论就此产生。为什么在随机数的表格里，像123456789这样的一个模式"令人吃惊"？它并不比这9个数字的其他任何排列的出现可能性更大或更小。某些实用主义者和主观主义者辩称，说"模式"这个概念在部分的任何排列中都不可能被定义，除非参照人类的经验。我们称π的前一个百万小数是有序的而兰德公司的数字不是，唯一的原因是，圆周率对人类来说是一个有用的常数。

"有序与无序，"詹姆斯(William James)在他的《宗教经验的多样性》(Varieties of Religious Experience)一书中写道(后来他改变了主意)，"是纯粹的人类发明……如果我在桌子上随机撒下1000颗豆子，我无疑能从中拿走足够的数量，使得剩余的豆子形成几乎任何你可能会提议的几何模式，然后你可能会说，这个模式是事先预想好的东西，而其他的豆子仅是无关紧要的包装材料。我们与大自然打交道时就像这样。它是一个广阔的充满物质的空间，而在其中，我们的注意力在无数个方向上画出多变的曲线。我们对这些我们沿着走的特殊曲线上的无论什么东西进行计数和命名，而与此同时，其他的事物和未被沿着走的线条既未被命名，也未被计数。"

对于这样的说法，现实主义者的答复是，事实恰恰相反。我们的大脑并没有将其模式施加在大自然上，相反地，在出生时大脑仅仅是一个随机连接的错综复杂的网络。在多年的经验之后，它才获得"看出"模式的能力，在这期间，被赋以模式的外在世界在一片空白的大脑中印上了它的序。当然，序列123456789出现在随机数字序列中是令人惊讶的，因为这样一个序列是由人类的数学家定义并且用于计数的，但是在某种意义上，这样的序列对应着外部世界的结构。从遥远过去的某个给定的时间点开始，在生命出现在地球上以前，月球绕着地球转了一圈，然后两圈，三圈，一直转下去，尽管没有人类观察者在那里计数。无论如何，普通语言和科学语言一样使得人能够做出这样的陈述，

并且我个人的观点是,仅当人们试图采用一种脱离了人类观察就不能用以把宇宙说成是被赋以模式的语言时,才会导致混乱。

让我们回到一个没那么形而上的问题。随机数字表是如何产生的?随着数字跃入你的脑海,立刻将它们随意写在纸上,这并不是个好办法;人类无法随机地产生数字。太多的无意识偏向会蔓延到这样一个序列里。你可能会假设你可以拿着,比如说一张对数表,或者按字母顺序的美国城市人口表,并且将那些数的首位数字抄写下来。但是大约在20年以前,人们就已经发现,任何一组随机选择的数的首位数字显示出明显的偏向:数字越小,在表中出现的频率越高!韦弗(Warren Weaver)对于这个惊人的事实,在他的平装版《幸运之神眷顾:概率论》(*Lady Luck: The Theory of Probability*)第270—277页有一篇完美的阐述。

得到一个随机数字序列的一种方法,是使用一个物理过程,该过程牵涉到如此众多的变量,使得下一个数字被预测到的概率决不会高于 $\frac{1}{n}$,n 是这个所用数系的基。翻转一枚硬币,产生一个随机二进制数字序列。一个完美的骰子随机给出六个符号。一个等分成10个扇形的转盘,或者一个二十面的骰子,让每个数字在它的20个面上一共出现两次,可以随机给出那10个数字。对于十二进制数系来说,一个正十二面体是那12个数字的完美的随机发生器。人们甚至可以认真看待量子力学的概率水平,把随机发生器的工作建立在盖革计数器在记录放射性衰变时发出咔哒声的时间上。

还有很多其他的方法。1927年,通过取英格兰教区面积数的中间位数字,蒂皮特(L. H. C. Tippett)发表了41 600个随机数。1939年,肯德尔(M. G. Kendall)和史密斯(B. Babington Smith)制作了一张100 000个随机数字的表格。他们使用了一个外圈用标记分为10个部分的轮盘。当轮盘快速转动的时候,他

们用手工闪光照它,记下在一特定点的数字。1949年,美国州际商业委员会从货物运单上提取出105 000个随机数字。兰德公司的100万个数字是用产生随机二进制数字的电子脉冲方法而获得的,这些数字随即转换为十进制小数。为了消除密集检验发现的轻微偏向,通过将它们两两相加,并且仅保留最后一位数字,使100万个数字被进一步随机化。

当一台计算机需要随机数来解决一个问题时,比起给它输入一个要占用宝贵内存空间的已发表表格,让机器产生自己序列的成本要低廉得多。计算机有成百上千种方法产生所谓的"伪随机数"。计算一个无理数,例如π或者$\sqrt{3}$,是一个糟糕的办法,因为这会花很长时间,并且需要太多宝贵的存储空间。一个早期的过程,是由冯·诺伊曼(John von Neumann)提出的,即"平方数的中间"法。计算机以一个n位的数开始,将它平方,取结果中间的n或者$n+1$位,再平方,再取中间位数,用这种方法连续生成一组n个数字。这个方法已经不再使用,因为它产生的序列过短,并且被发现引入了太多的偏向。简森(Birger Janson),在他的书《随机数发生器》(*Random Number Generators*,1966年)中,呼唤人们注意一些有趣的异常现象。如果你以数3792开始,将它平方,你会得到14 379 264,因此你的"随机"序列结果是3792,3792,3792…。如果你以495 475和971 582这样的六位数开始的话,会发生相同的事。产生伪随机数的现代技术更加高级,并且难以置信地迅速,各个计算机中心所用的技术也不一样。

最后说几句关于随机数的日渐增长的重要作用。它们在农业、医药及其他领域的实验设计中必不可少,在这些领域,某些变量必须随机化以消除偏向。它们被应用于博弈和冲突局势,其中最优策略是通过随机混合策略获得的。最重要的是,它们对于模拟和解决各种困难问题来说非常重要,这些问题牵涉到复杂的物理过程,其中随机事件发挥了重要的作用。正如康维尔(Robert R.

Coveyou)，一位橡树岭国家实验室的数学家最近所说的，"随机数的生成实在是太重要了，不能把它留给运气。"

补　遗

最近，在给出"随机"或者"无模式"序列的一个精确定义上，最有希望成功的一个尝试，是由1965年俄罗斯的柯尔莫戈罗夫（A. N. Kolmogorov）和1966年IBM公司的蔡廷（G. J. Chaitin）各自独立地提出的一个建议。在本质上，一个数字链的"随机性"，是由会告诉图灵机（理想化的数字计算机）如何写出这个给定数字链的最短程序的长度定义的。

用信息论的术语，我们可以这样说。如果一个输出的数字序列有k比特，那么它可以通过一个k比特或者更少比特的输入来获得。数字的"有序度"越高，所需的程序就越小。如果输出是一个高度有序的数字链，例如12121212，那么得到它的程序，比从兰德公司的表格里随机选出的几乎任何一个8数字集合要短得多。需要最大长度程序的数列是没有任何"模式"的，因此没有办法缩短所需的程序。数字链的无序性是由产生该链的最短程序的长度来度量的。任何有限的数字链都不可能是绝对无模式的，但我们可以将绝对无序当作是一个极限概念。一个由良好的随机发生器产生的非常长的数字串几乎一定与这个无序极限极为接近。

对这个处理随机性的方法感兴趣的读者，可以参考蔡廷的一篇非技术性的阐释性文章："信息论的计算复杂性"（Imformatiion-Theoretic Computational Complexity），在《电气和电子工程师协会信息论会刊》（*IEEE Transactions of Information Theory*）第IT—20期，1974年1月，第10—15页；马丁-洛夫（Per Maoirtin-Löf)的"随机序列的定义"(The Definition of Ramdom Sequeuces),《信息与控制》(*Information and Control*),第9期,1966年,第602—619页;还有范恩(Terry Fine)的书《概率论:对基础的一个考察》(*Theories of Probability: An Examination of Foundations*),Academic 出版社,1973年。

在随机数的所有讨论中,有很重要的一点得牢记于心,"随机"这个词有时是用来描述从一个随机发生器获得的任何序列,有时则是用来描述一个给定序列中一种模式的缺失,并且这两种用法是不同的。例如,如果你抛掷一枚硬币6次,并且碰巧得到"正正正正正正",那么在第一种意义下,这个序列是随机的("正正正正正正"和其他任何组合的发生概率是一样的),但在第二种意义下不是。图灵机处理随机性的方法,是一种定义了说一个序列具有最大无序性或者无模式程度是什么意思的方法。这对产生随机数是没有用的。

伍德(Ean Wood),一位在伦敦的读者,对于我声称《芬尼根守灵夜》包含随机的文字游戏有异议。"每一个词,"伍德声称,"都是乔伊斯(Joyce)精挑细选的结果。"

答案

这个问题是要为7480631952中这10个数字的循环顺序找出规则。从左边开始,拼读Zero(零),读一个字母数一个数字,拼读结束在0上。把0划掉。然后拼读One(一),这次落在1上。划掉1。以这个方法继续,从零到九按顺序拼读这些数字的英文,同时只数没有被划掉的数字。这个序列是循环的;如果某一次拼读时数到这行的末尾没数

完,就回到这行开头。这样的排列使得所有10个数字可以按数值顺序如此"拼"出来。

扑克牌也可以进行类似的排列,使得每张牌都可以"拼"出来,但不是通过数数,而是随着拼读,把牌一张一张地从一叠牌的顶上移到底下,每次拼读结束,把轮到的牌丢出来。要建构这样的排列是很容易的,只需将这个过程逆转过来,从一堆牌中以逆反的顺序一次一张地取牌,并且相应于每个字母,一张一张地把牌从手中牌叠的底下移到顶上,最终在手中形成所需要的牌叠。要检验这个简单的过程,读者可能会乐于将一整副牌整理得每张牌都可以被"拼"出来,从黑桃A开始,然后是黑桃2,依次类推,黑桃之后的其他花色可以预先设好顺序,比如说,最后以方块K和王牌结束。

许多读者正确地指出,这种拼读的过程仅仅是构建序列7480631952的规则之一。任何给定的有限数字串都可以通过无穷多个规则生成,尽管序列越长,规则通常变得越复杂。如果我们将7 480 631 952作为一个整数,那么有无穷个方程以这个整数为解,尽管不可能任何一个方程都可以被称作"简单"。在这个数前面放上一个小数点,那么我们获得了无穷多个十进制小数的开头,其中每个小数都是无穷多个方程的解。事实上,0.748 063 195 2…极其接近 $\sqrt{10}-\sqrt{2}$ 。

特拉华州威尔明顿的米尔鲍尔(Myron Milbouer)夫人,发现了一个简单得令人意想不到的方法来生成序列7480631952。用三角形形状写下这些数字:

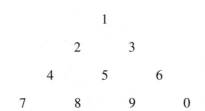

这个三角形有从西北到东南的4条对角线。从左边开始,取前两条对角线沿着向下,你就得到7(第一条对角线),然后是4,8。在这基础上,加上后两条对角线,用相反的顺序取它们,即从右至左,并且沿着向上,你会得到0,6,3,1和9,5,2。一个实在令人惊讶的巧合!

第 4 章

上升的沙漏和其他物理趣题

下面这些问题，与其说是数学问题，倒不如说是逻辑推理与一些关于物理定律的知识（大多数是基本的）相结合的问题。这些问题可以被称为物理趣题。在少数情况下，问题的表述有意误导读者，但没有依赖于语言陷阱的搞笑解法。分别就问题 2、12、15、18 和 23，我要感谢小艾森德拉恩（David B. Eisendrath, Jr.）、哈特（John B. Hart）、萨尔尼（Jerome E. Salny）、富尔茨（Dave Fultz）和弗纳（Derek Verner）。

1. 200 只鸽子

有一个古老的故事，是说一名卡车司机在一座摇摇欲坠的小桥面前停了下来，走下车，然后用他的手掌击打卡车后部高大的车厢。一个农民站在路边，问他为什么这样做。

"我在这辆卡车上装了 200 只鸽子，"司机解释说，"这分量可不轻。我的敲击会惊到那些鸽子，它们会在里面飞来飞去。这会在相当程度上减轻负载。这座桥看起来不怎么妙，我想让这些鸽子待在空中，直到我过了桥。"

假设卡车的车厢是密封的，司机的想法你怎么看呢？

2. 上升的沙漏

在巴黎的商店里正在促销一种特别的玩具:一个灌满水的玻璃圆筒,在其顶部漂浮着一个沙漏(见图4.1)。如果圆筒如图右所示被翻转过来,一件奇怪

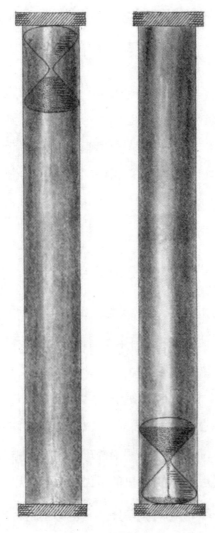

图4.1 沙漏悖论

的事情发生了。沙漏一直待在圆筒的底部,但是当一定量的沙子流入到它的下半部容器后,它居然会缓慢地上升到顶部。这似乎是不可能发生的事,因为沙漏中的沙子从其上半部转移到下半部时,似乎不可能对沙漏整体受到的浮力产生影响。你能猜出这简单的现象是怎样发生的吗?

3. 铁　　环

加热一块甜甜圈形状的铁块,其孔的直径是变大还是变小?

4. 悬着的马蹄

从一片薄薄的纸板上剪下一块马蹄的形状,比牙签略微长一点(见图4.2)。将牙签和马蹄形纸板斜靠着放在桌布上,如图所示。问题是,请用手中的另一根牙签将马蹄和牙签同时挑起来。除了用你手中的牙签,你不能用其他任何东西触碰马蹄形纸板或是支撑着它的牙签。当然,你不能折断牙签,把它当作微型筷子来用。这两个物体必须被一起挑起来,并且悬在桌面上方。这该怎么做到呢?

图4.2　马蹄和牙签

45

5. 将软木置于中心

把一只杯子盛满水,然后将一块小软木丢在水的表面。它会漂浮到一边,碰到杯壁。你怎样做才可以让软木保持浮在中心而不碰到杯壁呢?杯子里除了水和软木以外,不得有其他任何东西。

6. 油 和 醋

一些朋友正在野餐。"你带来拌沙拉的油和醋了吗?"史密斯太太问她的丈夫。

"我确实带了,"史密斯先生回答说,"为了省去带两个瓶子的麻烦,我把油和醋放在同一个瓶子里了。"

"这样做太蠢了,"史密斯太太哼了一声,"我喜欢放很多的油和很少的醋,但是亨丽埃塔喜欢放很多醋和……"

"一点也不傻,我亲爱的,"史密斯先生打断了她。他开始从一个瓶子里倒出油和醋,其比例你想要怎样就怎样。他是怎么做到的?

7. 卡罗尔的马车

在卡罗尔(Lewis Carroll)的《赛尔维和布鲁诺的总结》(*Sylvie and Bruno Concluded*)的第7章中,那位德国教授解释了在他的国家,人们是怎样不需要去海上,就能享受前后冲跌和左右摇晃的感觉的。他说,给马车装上椭圆形的车轮,就可以做到这一点。一个听他说话的伯爵说,他能明白椭圆形的车轮如何能让马车前后冲跌,但它们怎么能让马车同时也左右摇晃呢?

"它们不匹配,阁下,"教授回答道,"一个车轮的端对应着其对面车轮的侧,所以先是马车的一侧升起,然后是另一侧。并且马车一直在前后冲跌。啊,

你必须是个好水手,才能驾驭我们的马车船!"

是否有可能将四个椭圆形车轮适当装配在一辆马车上,使得它如上所述,真的前后冲跌并左右摇晃起来?

图4.3再现了一首由伯吉斯(Gelett Burgess)所写并配插图的诗(选自《紫色奶牛和其他废话》(*The Purple Cow and Other Nonsense*,Dover 出版社,1961年),也许写它的灵感就来自于卡罗尔的马车。

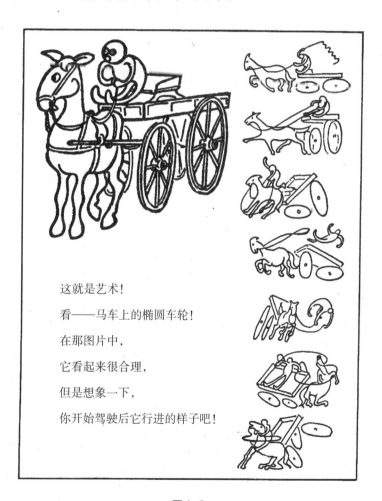

这就是艺术!

看——马车上的椭圆车轮!

在那图片中,

它看起来很合理,

但是想象一下,

你开始驾驶后它行进的样子吧!

图4.3

8. 磁 铁 检 验

你被锁在一个房间里,其中除了两根一模一样的铁棒外,再没有其他任何类型的金属(你身上也没有)。一根是条形磁铁,另一根是没有被磁化的。你可以在每一根铁棒的中点附近绑上一根线将其悬挂起来,观察哪一根铁棒指北,从而说出哪一根是条形磁铁。有没有更简单的方法?

9. 融 化 冰 块

一块冰漂浮在一只烧杯的水面上,整个系统在0℃。在不改变系统温度的前提下,供给刚好足够的热量将冰块融化。烧杯中的水平面会上升,会下降,还是保持不变?

10. 偷 钟 绳

在教堂的高塔里,两根钟绳穿过高高的天花板上那相距一英尺的小孔,垂到房间的地板上。一个熟练的杂技演员,携带着一把小刀,一心想在这两根绳子上尽可能多偷点绳子。他发现通往天花板上方的楼梯被一扇锁着的门挡住了。他没有梯子也没有其他物体可以让他站,所以他必须一手接着一手攀爬绳子,并且在尽可能高的点上剪断绳子,来完成偷盗。然而,天花板这么高,即使是从三分之一的高度摔下来也是致命的。他要怎样做才能获得最多的绳子呢?

11. 移动的影子

夜晚,一个男人沿着人行道以恒定的速度经过一盏路灯。在他的影子被拉长时,影子顶端的移动速度比它缩短时的移动速度,是快一点,慢一点,还是相同?

12. 盘绕的浇水管

如图4.4所示,一根花园浇水管绕在一条长椅上的一个直径约为一英尺的卷筒上。水管的一端垂在一只桶里,另一端未被卷绕,这样它可以被拉到卷筒上方好几英尺的地方。水管是空的,并且里面没有纠缠物或障碍物。如果现在通过一个漏斗把水注入它的上端,人们会以为,持续注水会导致低的一端水流出。结果恰恰相反,随着水被注入漏斗,水位在水管的上端不断上升,直到溢出漏斗,而另一端并没有出水。请解释原因。

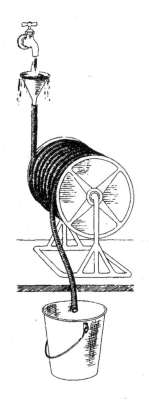

图4.4 水管悖论

49

13. 瓶子里的鸡蛋

你无法把一个煮熟并剥了壳的鸡蛋推过一只玻璃奶瓶的瓶颈,使它落入瓶中。因为留在瓶子里的空气会阻止它进入。但是,如果你在把鸡蛋竖直放在瓶口之前,将一张点燃的纸,或者是一两根燃着的火柴扔进瓶子里,燃烧会加热空气并令空气膨胀。当空气冷却时,它会收缩,形成局部真空,将鸡蛋吸进去。在这发生之后,第二个问题产生了:在不打破瓶子或捣坏鸡蛋的情况下,怎么做才能把它弄出来?

14. 浴缸里的船

一个小男孩正在浴缸里玩一艘塑料船。船上载有螺母和螺栓。如果他把船上所有装载物倒入水中,使船空漂在水上,浴缸中的水位是上升还是下降?

15. 车里的气球

一个寒冷的下午,一家人开车外出兜风,车上的所有通风口和车窗都关上了。一个孩子在后车上,手里拽着一根线,线的另一头系着一个充满氦气的气球。气球悬浮在空中,贴着汽车的车顶。当汽车加速前进时,气球是会停留在它原来的位置,还是向前或者向后移动?在汽车转弯的时候,它又会怎样移动?

16. 空心的月亮

有人提出,在遥远的将来,有可能把一颗巨大的小行星或者月亮的内部挖空,并将它作为庞大的空间站使用。假设这样一颗空心的小行星是一个完美的、不旋转的球体,其球壳厚度恒定。那么一个在该球体内部球壳附近的物体,会因为球壳的重力场被拉向球壳,还是被拉向小行星的中心,还是永久悬浮在

同一位置?

17. 月 球 鸟

一只鸟的背上带有一只小而轻的氧气罐,以让它能在月球上呼吸。月球上的引力比地球上的小,鸟的飞行速度会比它在地球上的快一点、慢一点,还是相同?假设这只鸟在这两种情形下都带有这同样的设备。

18. 康 普 顿 管

物理学家康普顿(Arthur Holly Compton)的一项鲜为人知的发明如图4.5所示。几英尺直径的玻璃圆环里充满了一种液体,有些小粒子在液体中悬浮着。这个管子先是被静置,直到它的液体完全静止不动,然后被迅速绕水平轴180度翻转,成倒置。通过显微镜观察悬浮粒子,人们可以判断液体是否正在沿

图4.5 康普顿管

着圆环流动。

假定这管子是定向的,它的竖直面沿着东西向。随着地球的逆时针方向转动(假设从上往下俯视北极点),管子的顶部移动得比底部更快,因为它沿一个周长更大的圆周路径移动。翻转管子使得移动得较快的液体来到底部,而移动得较慢的液体来到顶部,形成了一个非常弱的顺时针循环。随着管子所在平面偏离东西向,这个循环的强度开始减弱,当平面变成南北向时,强度达到零。因此我们只要在不同的方向上翻转管子,直到产生最大的循环速度,就可以证明地球是在转动的,并确定转动的方向。

在实际应用中,液体的黏度将导致这个循环在大约20秒后停止。假设管子内部无摩擦,而翻转发生在赤道上,管子平面沿东西向,那么液体中的粒子需要多久才完成一次由翻转导致的沿着管子转一圈?

19. 鱼 的 问 题

有一只盛有四分之三的水的碗,安放在一个台秤上。如果将一条活鱼扔进水里,该台秤会显示出等同于鱼的重量的重量增量。然而,假设你抓住了鱼的尾巴,让它除了尾巴最末端外,其他部分都浸在水中。这时台秤上显示的重量是否会比你把鱼浸入水中之前更大?

20. 自行车悖论

将一根绳子系在一辆自行车的踏板上,如图4.6所示。如果有人往回拉这根绳子,而另一人轻轻按住座椅,使得自行车保持平衡。自行车会往前、往后,还是保持不动?

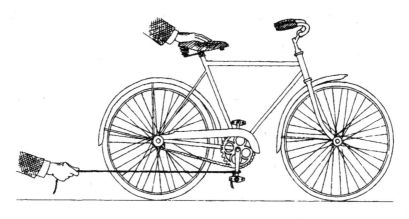

图4.6　力学中的一个问题

21. 惯 性 驱 动

假如一根绳子系在一条小船的船尾,一个站在船里的人是否有可能通过猛拉绳子的另一端,驱动船在静水中向前进?在星际空间中漂移的太空船是否也能用一种类似的方法驱动?

22. 黄金的价值

哪一个更值钱,一磅的10元金币还是半磅的20元金币?

23. 开 关 悖 论

这是一个有趣的玩意儿。将两个110伏的小灯泡(最好一个是透明的,一个是磨砂的)以及两个通断开关,以一种简单的串联电路形式插在墙上的普通交流电插座上(见图4.7)。当两个开关都闭合时,两个灯泡都亮了。如果一个灯泡被拧下来,另一个则会熄灭——和预想的一样。当两个开关都断开,两个灯泡都灭了。但是,当开关A闭合,开关B断开时,只有灯泡a是亮的。而当开关B

闭合,开关A断开时,只有灯泡b是亮的。简而言之,各个开关独立控制着与其相应的灯泡。甚至更令人费解的是,如果两个灯泡互换,开关A仍然控制灯泡a,而开关B仍然控制灯泡b。那块装置着开关、灯座和电线的木板里没有隐藏任何东西。这个电路设计的背后究竟有什么秘密?

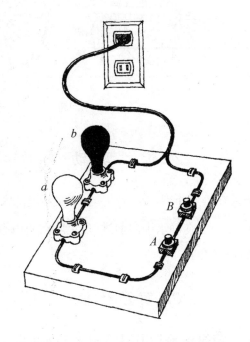

图4.7　一个关于电的悖论

1. 这名卡车司机想错了。一个载有一只鸟的封闭车厢的重量等于车厢的重量加上这只鸟的重量,除非这只鸟在空中有一个加速运动的垂直分量。向下的加速度会使系统变轻,而向上的加速度则会使其变重。假如这只鸟处在自由落体状态,那么系统的重量要减小,减小量为这只鸟的全部重量。以扇动翅膀维持的水平飞行,向上和向下的加速度交替出现。200只鸟,在厢式货车内随机地飞行,会造成重量的快速而微小的波动,但是系统的总重量实际上将保持恒定。

2. 当沙子在沙漏的上半部时,较高的重心令沙漏往一边倾倒。由此产生的与圆筒的摩擦力足以令沙漏留在圆筒底部。当足够的沙子漏下来使得沙漏呈竖直悬浮时,便没有了摩擦力,于是它就会浮起来。

假如沙漏比它所排开的水稍微重一点,沙漏就会反其道而行之,也就是说,它通常会待在圆筒的底部。当该圆筒被翻转后,沙漏会待在顶部,仅当沙子的转移使得摩擦力消除后才会下沉。巴黎的商店中这两种版本的玩具都有,此外还有一种混合版本,两个圆筒并排,一个圆筒中的沙漏上升时另一个圆筒中的沙漏下沉。

这个玩具,据说是捷克斯洛伐克的一个玻璃吹制匠发明的,而且就是在巴黎郊外一家店铺里制作的。它通常令物理学家比其他人更感到困惑。一种由物理学家提出的常见解释是,下落沙子的力使沙漏待在底部,或对此多少有一点作用。然而,不难证明沙漏的净重是保持同样的,就好像沙子并没有倒来倒去。参见里德(Walter P. Reid)的"沙漏的重量"(Weight of an Hourglass),《美国物理杂志》(*American Journal of Physics*),卷35,1967年4月,351—352页。

3. 当铁制的甜甜圈因加热而变大时,它的比例保持不变,因此它的孔也变大。这原理也适用于眼镜技师通过加热镜架把镜片从镜架上取下,或者家庭主妇加热罐子的盖子使它变松。

4. 将牙签A插入马蹄形纸板和牙签B之间,并且移动马蹄形纸板,让牙签B的末端刚好架在牙签A上(见图4.8)。将牙签B的末端移动到马蹄形纸板下面,然后将纸板和牙签挑起,如下图所示使其保持平衡。

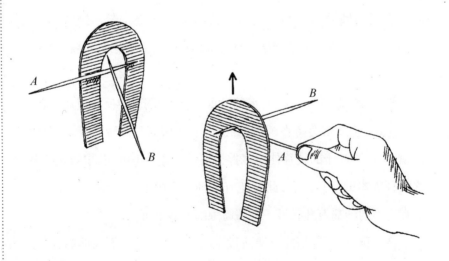

图4.8 马蹄形纸板问题的解决方法

5. 仅当杯子里倒的水比杯子边缘高一点点时,软木才会漂浮在水面中央。水的表面张力维持了这个微微上凸的表面。

林德伯格(Gene Lindberg)和格林布拉特(M. H. Greenblatt)给出了第二种方法。将一个装了一半水的杯子围绕其竖直轴进行旋转。这将造成一个凹下去的表面,令软木塞停留在其底部中心。要制造这种涡旋的一个更简单的方法是用勺子搅水。

6. 油浮在醋的上面。要倒出油,史密斯先生只要小心倾斜瓶子。要倒醋,他就用瓶塞塞住瓶口,将瓶倒置,然后松开瓶塞一点点,滴出所需量的醋。

7. 在卡罗尔的"马车船"一题中,每对椭圆形的车轮,在同一根轴的两端,滚动起来时椭圆形车轮的长轴要彼此始终互成直角。这就产生了"左右摇晃"。如果马车的每一侧,两个车轮的长轴也互成直角,那么马车既不会前后冲跌也不会左右摇晃。它将简单地一上一下,先是由两个斜对角的车轮支撑,然后是另两个。然而,将前后车轮用齿轮连接,使得马车每侧的两个车轮的长轴互成45度角,就可以令马车优美地前后冲跌和左右晃动,每个车轮则以4拍的节奏离地,而且在马车往前行进的时候不断重复这一过程。

玛雅·斯莱特(Maya Slater)和尼古拉斯·斯莱特(Nicolas Slater)从伦敦来信说,如果放弃卡罗尔的附加条件,即面对面的一对椭圆形车轮的主轴必须成直角,那么还有一种方法,可以让马车在没有一个车轮离地的条件下,前后冲跌和左右晃动。车轮必须进行齿轮连接,使得对角线上的一对车轮其主轴始终成直角。无论两个前轮所成的角度是多少,总是所有四个车轮在地面上。如果两个前轮成90度角,那么马车只会左右晃动而不会前后冲跌。如果角度为零,则只会前后冲跌而不会左右晃动。介于0到90度的中间角度都会将左右晃动和前后冲跌结合表现。"我们倾向于使用45度角,"斯莱特夫妇写道,"我们唯一的问题是要让赶车人坐稳了。"

8. 用一根铁棒的一端触碰另一根铁棒的中间。如果有磁力,去触碰的一端必定是条形磁铁上的。如果没有磁力,它就在未被磁化的磁铁上。

9. 水位保持不变。一块冰可以漂浮起来,只是因为水在结成冰的过程中体积膨胀了;这块冰的重量依旧和形成它的水的重量相同。既然漂浮物体在重量上替代了这些水的重量,那么融化了的冰块会提供和它结冰后所排开的水体积相等的水。

10. 杂技演员先将两根绳子的下端结在一起。他爬到绳子A顶端,剪下绳子B,注意留下足够的绳子绑成一个圈。用一只手臂穿过这绳圈挂住,贴近天花板切断绳子A(要很小心别让绳子掉下去!)然后将绳子A的一端穿过绳圈,并且拉动绳子,直至结在一起的两根绳子的中点到达这个绳圈。从这根双绳上下来后,将绳子拉出绳圈,这样就可以拿到全部长度的绳子A和几乎全部长度的绳子B。

我收到了许多这个偷绳子问题的替代解法,一些利用了可以从地面上晃松的绳结,其他的则包括将绳子切到一半,但它仍可以支持窃贼的体重,之后突然一拉又可以将其拉断。一些读者怀疑窃贼能否拿到哪怕一点儿绳子,因为钟会开始作响。

11. 一个人走过街灯时,影子顶端移动的速度比这个人行走的速度快,但是不管影子长度是多少,它的移动速度是恒定的。

12. 一定量的水从上流入水管第一圈落到其底部,形成了一个"气阱","气阱"里的空气会阻止更多的水进入水管的第一圈。

如果这空水管的漏斗一端足够高,注入的水会被压过一圈以上的空管,并在水管的圈里形成一系列的"空气头子",每个"头子"的最大高度差不多与圈的直径相同。直径乘以圈数,可以得出要让水从另一端流出,在漏斗处必须要有的水柱大约高度。[这一点由布吕纳(John C. Bryner)、伦德伯格(Jan Lundberg)和奥斯本(J. M. Osborne)指出。]小古德温(W. N. Goodwin, Jr)指出,对于外径为5/8英寸或更小的水管,漏斗端可以低至盘绕圈直径的两倍,水就会通过一圈圈水管顺利流出。这件事的原因目前尚不清楚。

13. 要取出鸡蛋,把你的头后仰,将瓶子倒置,瓶口对准你的嘴唇,然后大力往里面吹气。当你从嘴边拿开瓶子时,压缩的空气会将鸡蛋通过瓶颈冲出来。

关于这个戏法,一个常见的误解是,鸡蛋最初被吸进瓶子里是因为缺少氧气形成了真空。氧气确实用完了,但是损失的氧气被产物二氧化碳和水蒸气弥补了。真空完全是因为在火焰熄灭以后的快速冷却和空气收缩造成的。

14. 玩具船里的螺母和螺栓排开的水和它们一样重。当它们沉入浴缸底部时,它们排开的水体积等于自身的体积。因为每一件螺母和螺栓比和它相同体积的水重出许多,所以在装载物被倒掉以后浴缸里的水位下降了。

15. 因为这辆封闭的汽车加速前进,惯性将车里的空气往后送。气球后面压缩了的空气就将它往前推。在汽车沿着一条曲线转弯的时候,因为类似的原因,气球会进入这条曲线的凹处。

16. 在空心的小行星内部,到处都是零重力。对于这是如何从重力的平方反比律推出的,参见邦迪(Hermann Bondi)的 Anchor 版《宇宙之大》(*The Universe at Large*)平装本,第102页。

威尔斯(H. G. Wells),在他的《月球上的第一人》(*First Men in the Moon*)一书中,没有能意识到这一点。在小说中有两处,他让他的旅客因为太空船本身的引力而漂浮在这球形太空船的中心附近。事实上,太空船产生的引力场太弱,而无法影响到旅客。

17. 在月球上,鸟完全不能飞行,因为月球上没有空气支撑它。小米尔维(George Milwee, Jr)写信来问,我是否是从康德(Immanuel Kant)那里得到这个问题的想法的。在《纯粹理性批判》(*The Critique of Pure Reason*)序言的第三部分,康德斥责了柏拉图,为的是后者认为自己假如抛弃物理世界,在纯理性的空虚空间里飞翔的话,可以在哲学方面有更多进展。康德用以下令人愉快的比喻支持了自己的观点:"轻轻的鸽子,划过空气自由翱翔,感受着它的阻力,它也许会想象在没有空气的空间中飞行会更加容易。"

18. 考虑在管子被翻转以前液体中的任意一个粒子 k。地球带着它以24小时转一圈的速度逆时针转动(从北极点俯视)。但是管子中的每一个到地球距离与 k 相同的点,正以和该粒子相同的速度沿逆时

针方向转动,因此k的相对于管子的循环速度为零。在翻转以后,k继续以相同速度逆时针旋转,但是管子的逆反给k一个相对于管子来说的顺时针运动,使它(忽略摩擦力)沿管子循环,循环一圈的时间恰好是地球完成一次自转的时间的一半,即12小时。

这个有趣的24小时减半的结论,用一个特定的粒子则更好理解,比如在管子顶部的一个粒子。设x为地球的直径,y为管子的直径。粒子和管子的顶部以24小时,走$\pi(x+2y)$的速度向东移动,翻转后,粒子将继续以相同的速度移动,但现在它在管子底部,这里的管子以24小时走πx的较慢速度向东移动。因此,相对于管子,那个粒子以24小时走$\pi(x+2y)-\pi x=2\pi y$的速度向东移动。因为πy是管子的周长,我们看到,粒子会以24小时转两圈或者12小时转一圈的速度沿管子运动。类似的计算适用于管子内的所有其他粒子[①]。

大多数人,在计算水的理想速度时,忘了乘2,认定水24小时会沿管子转一圈。康普顿自己犯了这个错误,无论是在他的第一篇论文中[科学(Science),第37卷,1913年5月23日,803—806页],用了一个半径一米的管子来进行研究,还是在第二篇论文中,用了更精密的仪器来报告结果。[《物理学评论》(Physical Review),第5卷,1915年2月,第109页,和《大众天文学》(Popular Astronomy),第23期,1915年,第199页]。

当管子不在赤道上时,要获得最大的效果,可将管子所在平面在180度翻转以前,由竖直变为倾斜。越靠近两极,倾斜度就要越大,这

---

① 此言不确。——译者注

使我们可以用管子来确定它所在的纬度。在北极或南极,要获得最大效果,在翻转管子以前,将管子水平放置。在所有的纬度上,当管子平面恰当倾斜和指向以获得最大效果时,翻转会引起12小时转一圈的流动,当然假设完全不存在黏滞。

整个故事多少有些复杂,并且康普顿管发生的现象和磁场内180度翻转一个导电环时在环内循环的感应电流之间有一个有趣的对应关系。我要感谢芝加哥大学地球物理系流体力学实验室的富尔茨(Dave Flutz),是他提供了这个简短问题所据的信息。富尔茨更喜欢以角速度和扭转力的术语来解释,但因为这牵涉到艰深的技术术语和概念,我把这个解释以如今这个样子给出,用了较简单但较粗略的线速度术语。

当我还是芝加哥大学的一名本科生时,我参加了一个康普顿的讲座,他谈到了他的实验。结束后,我走近他,问道,是否可能通过交替绕水平轴和垂直轴翻转来在管子中建立一个更强的循环。康普顿看起来有些困惑,他从口袋里拿出一个半美元硬币,然后开始在拇指和食指之间转动它,并自言自语。最后他摇了摇头说,他认为这是行不通的,但他会对这件事考虑一下。

19. 碗的重量会增加,增加量是这条浸入的鱼所排开的水的重量。

20. 将自行车较低的踏板向后拉,会导致该踏板以一个正常情况下令自行车前进的方式旋转,但由于倒刹车暂时不起作用,自行车可以在拉力的作用下自由向后移动。车轮很大,踏板和链轮之间的齿数

比很小,因此这辆自行车会向后移动。踏板也相对于地面向后移动,虽然它相对于自行车来说是向前移动的。当它上升到足够高时,刹车起作用了,自行车就停了下来。不相信的读者,只需要找来一辆自行车试一下。在许多老书里,这个明显的悖论已经有解释了。要看最新的分析,参见戴金(D. E. Daykin)的"单车问题"(The Bicycle Droblem),《数学杂志》(*Mathematics Magazine*)第45卷,1972年1月,第1页。

21. 一条小船可以通过猛拉系在船尾的绳子往前移动。在静水中,可以获得每小时几英里的速度。由于此人的身体向船头移动,船和水之间的摩擦阻止了船的任何有意义的往回移动,但是猛拉的惯性力足以克服水的阻力,并且使船继续往前冲。同样的原理适用于一个坐在纸箱内的男孩,通过在纸箱内快速往前移动,可以成功地在打

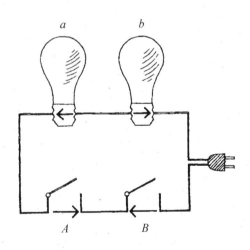

图4.9 电流悖论的解

蜡的地板上向前滑动。在一架太空船内部,"惯性力的空间驱动"是不可能的,太空船周围近于真空的状态不提供任何阻力。

22. 一磅10元金币所含的金子是半磅20元金币所含金子的两倍,因此价值也是两倍。

23. 每个灯泡底部内和每个通断开关的底部内隐藏了一个很小的硅整流器,它只允许电流以一个方向通过。该电路如图4.9所示,箭头显示了每个整流器允许的电流方向。如果电流的方向让灯泡底部的整流器允许电流通过,整流器就"偷走"了电流,灯泡便不亮。很容易看到,每个开关仅接通和断开这样的灯泡:这只灯泡的整流器与开关中的整流器指向相同的电流方向[1]。

除了对凭空弄出个二极管(整流器)有抱怨外,读者还抱怨说(可以理解)在灯泡底部插入一个微小的二极管难度很大。佩尔顿(R. Allen Pelton)发现,制作如下一个模型比较简单:"我将二极管接在瓷器灯座底下,然后在木板上挖个坑,把灯座固定好。我虽然不能把灯泡对换,但我仍然能插入任何灯泡。我这个小木板设备令每一个我向其展示的人困惑。"

---

① 注意这里用的是交流电,整流器只让交流电的某个半周通过。因此在图4.9中,当两个开关都闭合时(与开关并联的两个整流器失效),交流电的两个半周交替通过两个灯泡的灯丝,因此两个灯泡是交替地一亮一暗。但白炽灯是热发光,而热有一定的延迟性,何况交流电的频率人眼也跟不上,所以我们看到的是两只灯泡同时亮着,只是没有达到正常的亮度。对于开关一断一通等情况,读者可自行分析。——译者注

第 **5** 章

帕斯卡三角形

现在[帕斯卡三角形里]有如此之多的关系，以至于当有人发现一个新的恒等式时，不会有太多人感到兴奋，除了发现者！

——克努特（Donald E. Knuth），《基本算法》（*Fundamental Algorithms*）

洛拉尼（Harry Lorayne）是住在纽约市的一位专业魔术师和记忆专家,喜欢和朋友玩一种不同寻常的数学纸牌游戏。观众拿到一叠牌,其中点数大于等于10的牌和王牌都被拿走了。他被要求将任意5张牌面朝上排成一行。洛拉尼立即在这叠牌里找到一张牌,牌面向下放在这行牌的上方的某一点上,如图5.1所示。观众现在以如下方式搭出一个纸牌金字塔。

一行内的每对牌通过"舍9法"来相加。如果总和大于9,则减去9。这可以通过将总和的两位数字相加迅速得出结果。比如说,图中最下面一行的前两张牌相加得16。不是用16减去9,而是将1和6相加,可以得到相同的结果7,因此观众在第一对牌上方放一个7。第二张和第三张牌相加得8,所以在它们上方放一个8。这样继续做,直到获得新的一行4张牌,然后重复该过程,直至金字塔到达面朝下的顶部纸牌。当这张卡被翻过来时,它就是最后一个和的正确结果。

这个游戏的初始行可以是任意数量的纸牌,尽管假如数量太多的话,可能没有足够的纸牌提供金字塔所需的所有牌点。当然,计算总是可以在纸上进行的。这个游戏的一个很好的版本,是要求某人速记下一行10个随机数字。假如你通晓其中诀窍,你可以快速心算出金字塔的顶端数字,而且总是正确的。顶端数字是如何确定的呢?人们的第一个念头是,或许它是第一行的"数字

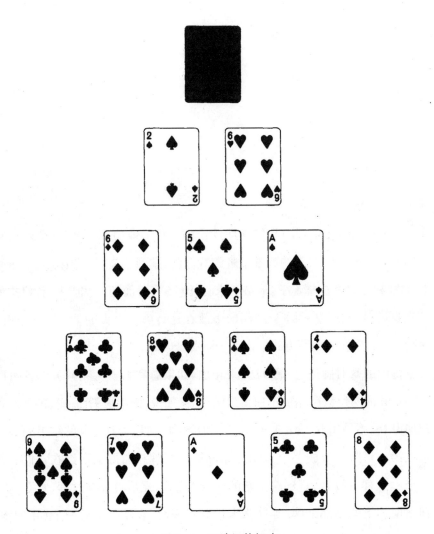

图5.1　顶端纸牌把戏

根"——通过不断减去9,把此行数字的总和减为一个一位数——但事实上并非如此。

　　事实是,洛拉尼的游戏是用一个简单的公式进行的,而这公式来自于数学史上的一个著名的数字模式。该模式称为"帕斯卡三角形",源自17世纪的法

国数学家和哲学家帕斯卡(Blaise Pascal),他是第一个就此问题写了一部《算术三角形论》(*Treatise on the Arithmetic Triangle*)的人。然而,在帕斯卡第一次写这部论述的 1653 年之前很早,该模式就广为人知了,它曾经出现在一本由阿皮亚努斯(Petrus Apianus)撰写的 16 世纪早期算术书的书名页中,他当时是英戈尔斯塔特大学的一位天文学家。一本 1303 年由一位中国数学家所写的书的插图中,也描绘了这种三角形模式,而最近的学术研究将其追溯到更早时期。大约在 1100 年,数学家、诗人和哲学家海亚姆(Omar Khayyám)就知道了这一点,它可能来源于更早前的中国或印度。

这种模式太简单了,一个 10 岁的孩子就可以把它写下来,但它包含了如此取之不尽的财富,以及与看似毫不相关的数学的各个方面的联系。毫无疑问,这是所有阵列中最优美的阵列之一。三角形以顶点上的 1 开始(见图 5.2)。

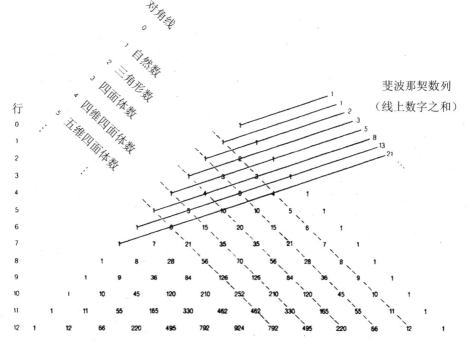

图 5.2　帕斯卡三角形

所有的其他数字都是其正上方两个数字之和。(想想沿两条边上的每个1,因为它是其中一边上的1与另一边上的0或者说无数字相加的结果。)该阵列是无穷并且双边对称的。在该图中,行和对角线以习惯法进行编号,从0而非1开始,以简化对一些三角形基本性质的解释。

平行于三角形两边的对角线行,给出了三角形数以及其在所有维空间中的类似数。三角形数是一组点的基数,这些点可以构成一个三角形阵列。三角形数的数列(1,3,6,10,15,…)可以在这个三角形的第二条对角线上找到。(请注意,每对相邻数字之和为一个平方数。)第一条对角线由自然数构成,给出了一维空间中三角形数的类似数。第零条对角线给出了零维空间中的类似数,其中点本身显然是唯一可能的模式。第三条对角线包含四面体数:在三维空间中构成四面体阵列的点集的基数。第四条对角线给出了在四维空间构成超四面体阵列的点的数目。对其他无穷条对角线来说也一样。第 n 条对角线给出了三角形数的 n 维空间的类似数。

我们一眼即知,10个炮弹堆成一个四面体金字塔,或者构成一个平面三角形,而五维四面体中的56个超炮弹可以重新排列在一个超平面上,构成一个四面体(但如果我们试着将它们放入平面形成一个三角形,则会剩下一个)。

要找到任意对角线上的所有直到该数列中任何位置的数之和,只需直接看该数列中最后一个数字,其左下的数字就是所求之和。例如,1到9的自然数之和是多少?沿第一条对角线往下来到9,然后往左下来到45,就是答案。前八个三角形数之和是多少?在第二条对角线上找到第八个数字,然后往左下到120,就是答案。如果我们将组成前八个三角形所需的所有炮弹放在一起,它们将恰巧构成一个由120个炮弹组成的四面体金字塔。

由实线标出的更平缓的对角线,构成了我们熟悉的斐波那契数列:1,1,2,3,5,8,13,…,其中每个数字是前两个数字之和。(你能发现原因吗?)斐波那

契数列常常在组合问题中出现。举一个例子来说,考虑一排n张椅子,你有多少种让男人与女人坐下的不同方法?前提是,没有两个女人可以相邻而坐。当n为1,2,3,4时,答案为2,3,5,8,以斐波那契数列类推下去。显然,帕斯卡不知道,斐波那契数列是内嵌在这个三角形中的;似乎直到19世纪晚期才开始有人注意到这一点。

而直到最近,才有人注意到,拿走三角形左边的对角线之后,可以得到斐波那契数列的部分和。这是由圣何塞加州大学的数学家小霍加特(Verner E. Hoggatt, Jr.)发现的,他主编了《斐波那契季刊》(*The Fibonacci Quarterly*),这是一份令人着迷的期刊,刊登了多篇关于帕斯卡三角形的文章。如果左侧的第零条对角线被切掉,那么斐波那契对角线上数之和,就是斐波那契数列的部分和(1=1;1+1=2;1+1+2=4;1+1+2+3=7;以此类推)。如果第0和1条对角线从左侧被消去,那么斐波那契对角线就给出部分和的部分和(1=1;1+2=3;1+2+4=7;等等)。一般情况下,如果消去k条对角线,那么斐波那契对角线给出的是斐波那契数列的部分和的部分和……的部分和,这里一共出现k个"部分和"。

帕斯卡三角形的每个水平行给出了二项式$(x+y)^n$展开式的系数。例如,$(x+y)^3=x^3+3x^2y+3xy^2+y^3$。这个展开式的系数1,3,3,1(系数1在各项中习惯上是省略的),正是这个三角形的第三行。要找到$(x+y)^n$的系数,并以正确的顺序排列,仅需看此三角形的第n行。此三角形的这一项基本属性使它与初等组合论以及概率论联系在一起,这种联系方式使得此三角形成为一个有用的计算工具。假设一个阿拉伯酋长愿意送给你他七个老婆中的任意三个,你可以做出多少种不同的选择呢?你只需在第3条对角线和第7行的相交处找到答案:35。如果你(急不可待,手忙脚乱),错误地去寻找第7条对角线和第3行的相交点,你会发现它们并不相交,因此该方法永远不会出错。总的来说,要从一个有r个不同元素的集合中选择一个有n个元素的集合,其方法的数量由第n条对角线和第 r 行的交点所决定。

帕斯卡三角形与概率之间的联系很容易通过考虑抛掷 3 个硬币而被看出。这样抛掷会得到关于正面或反面的 8 个等可能的结果：正正正，正正反，正反正，正反反，反正正，反正反，反反正，反反反。即有 1 种方式可以获得 3 个正面，3 种方式获得 2 个正面，3 种方式获得 1 个正面，1 种方式获得 3 个反面。这些数 $(1,3,3,1)$，当然是此三角形的第三行。假设你想知道，你将 10 枚硬币抛向空中，落下时正好出现 5 个正面的概率。首先要确定从 10 枚硬币中选出 5 枚，有多少种方式。第 5 条对角线和第 10 行的交叉点给出了答案：252。现在你必须将第 10 行的数相加，以获得等可能情况的数量。记住帕斯卡三角形第 n 行的和总是 2^n，就可以在做加法时走捷径。（每行数的和显然是前一行数的和的两倍，因为每个数都到下一行中加了两次；因此，各行的和形成了翻番的数列 1, 2, 4, 8, …。）2 的 10 次方是 1024。获得 5 个正面的概率为 252/1024，或 63/256。[有一种可以展示概率的机械装置，常常在科学展览和博物馆进行展出，其中数以百计的小球通过一个六边形阵列的障碍物滚下斜坡进入各个槽内，形成类似于钟形的正态分布曲线。这种装置的图片，以及帕斯卡三角形是怎样构成其基础的讨论，请参阅 1964 年 9 月的《科学美国人》中卡茨（Mark Kac）的"概率论"（Probability）一文。]

如果我们用小点来表示此三角形的每个数，然后将每一个不能被特定正整数整除的点涂黑，结果总是获得一个惊人的三角形模式。用这种方式获得的模式隐藏了许多惊喜。考虑当除数为 2 时得到的二进制模式（参见图 5.3）。顺着中线一路下来，是尺寸逐渐变大的灰色三角形，每一个都由偶数点构成。其顶部是由一个点构成的"三角形"，然后这个序列以 6, 28, 120, 496, … 个点继续下去。其中的 3 个数，6, 28 和 496，称为完满数，因为每一个都是除了它本身以外所有除数之和（比如说，6=1+2+3）。完满数是否有限并不确定，是否有奇完满数

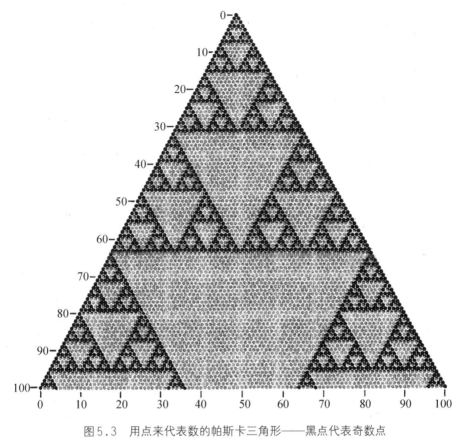

图5.3 用点来代表数的帕斯卡三角形——黑点代表奇数点

也不确定。然而,欧几里得成功地证明了,当2^n-1是素数时,每个$2^{n-1}(2^n-1)$形式的数都是偶完满数。

欧拉在很久以后证明,所有的偶完满数都符合欧几里得的公式。这个公式等于$\dfrac{P(P+1)}{2}$,其中P是一个梅森素数(形式为2^p-1的素数,其中p是素数)。以上的表达式刚巧也是一个三角形数的公式。换句话说,如果一个三角形数的"边"是梅森素数,那么该三角形数也同样是完满的。让我们回到帕斯卡三角形的奇偶涂色上来,可以证明,从顶点数下来第n个中央三角形的点的个数,是

73

$2^{n-1}(2^n-1)$，即完满数的公式。因此，所有的偶完满数，都以第n个中央三角形的点的个数出现在这个模式中，只要这时2^n-1是素数。因为$2^4-1=15$，这不是素数，所以第四个灰色三角形不是完满的。有着496个点的第五个三角形是完满的，因为$2^5-1=31$，是一个素数。（第六个灰色三角形不是完满的，但是有着8128个点的第七个三角形是完满的。）

最后一件有趣的事。如果第0到第4行被看作单独的数（1，11，121，1331和14 641），从$11^0=1$开始，它们是11的前五个幂。第五行应该是$11^5=161\ 051$，但事实并非如此。但是注意，这是第一个出现两位数的行。如果我们将每个数理解为表示那个位置的十进制位值的一个倍数，第五行可以被表达为（从右至左来看）$1\times1+5\times10+10\times100+10\times1000+5\times10\ 000+1\times100\ 000$），这给出了$11^5$的正确值。这样来说，每个第$n$行都是$11^n$。[关于帕斯卡三角形以及11的幂的三篇文章，参见《数学教师》（*Mathematics Teacher*），第57期（1964年），第393页；第58期（1965年），第425页；第59期（1966年）。]

几乎任何人都可以研究这个三角形，并且发现更多性质，但是不太可能有新发现，因为这里所讨论的，仅仅触及表面，未能深入探究。帕斯卡自己，在关于这个三角形的论文里说过，相比起他所写下的东西，还有更多留待发掘。"这是一件很奇怪的事，"他声称，"它的性质是如此丰富！"这个三角形也有无穷多的变种，以及许多推广，例如，将它用一个四面体的形式建立起来，以给出三项式的展开系数。

如果读者能够解决以下五个初等问题，他就能发现自己对于这个三角形结构的理解大大地丰富了：

1. 什么公式可以得出第n行以上的所有数之和？（行的编号如图5.2所示，顶点上的那个数作为第0行。）

2. 第255行有多少个奇数？

3. 第67行里有多少个数可以被67整除？

4. 如果一个西洋跳棋的棋子被放在一张空棋盘第一行的4个黑色方格中的一个，它可以通过各种不同的路径,(以标准的西洋跳棋走法[①])走到最后一行(第八行)4个黑色方格的任意一个中。有一对起止方格由最大数量的不同路径连接着。找出这两个方格,并且给出棋子可以从这对方格的一个走到另一个的不同方式的个数。

5. 在开始时所描述的金字塔纸牌戏法里,已知起始行有 n 张牌,你怎样通过帕斯卡三角形的简单公式算出顶点牌的点数？

补　遗

后面部分中的第5个答案,告诉我们帕斯卡三角形是如何用来解决金字塔戏法的。要理解公式为什么起作用,考虑如图5.1所示的三角形,并且假设相邻牌相加所得的和并没有舍9。

这个金字塔将会是：

$$
\begin{array}{ccccccccc}
& & & & 71 & & & & \\
& & & 38 & & 33 & & & \\
& & 24 & & 14 & & 19 & & \\
& 16 & & 8 & & 6 & & 13 & \\
9 & & 7 & & 1 & & 5 & & 8 \\
\end{array}
$$

这时帕斯卡三角形的关键行是1,4,6,4,1。在其两端的1告诉我们,随着

---

① 西洋跳棋的棋子,在周围没有敌方棋子的情况下,只能沿对角线方向走一格。——译者注

我们往上做加法,最底行两端的每张牌的点数,在最后的和中,作为加数只加了一次。这是因为,这两张牌的每一张都仅有一条路径到达顶部。关键行中从两端数起为第二的4告诉我们,每张从某端数起为第二的牌,其点数在最后的和中加了4次,因为这种牌的每一张有4条分岔路径到达顶部。关键行中间的6则告诉我们,从这张中间牌到达顶部有6条分岔路径,因此这张牌的点数会6次进入最后的和。于是:1×9+4×7+6×1+4×5+1×8=71,这就是顶点数。由于这个过程给出了顶点上的和,如果舍9的话,它必定也会给出顶点上的数字根。

魔术师都知道这个纸牌戏法叫"顶点"。这是由一位德国魔术师布劳恩(Franz Braun)发明的,大约在1960年,他在德国魔术期刊《魔术》(*Magie*)上他个人常设的数学戏法专栏中发表了这个戏法。参见沃尔(Ronald Wohl)在《护柩者评论》(*The Pallbeares Review*)(一本美国魔术杂志)1967年6月,第105页中写的一个注记。

当用牌完成了这个戏法时,最好手里再有一副牌,以防这个金字塔需要四张以上相同点数的牌。这种情况甚至也可能在小金字塔上发生。例如,底行为4,5,4,5,这就需要6张9来完成该结构。

韦弗斯(C. J. H. Wevers),荷兰的一位读者,提出了一个有趣的问题。如果我们从一副常规的牌中拿走王牌和点数大于等于10的牌,那只有36张牌留下,而36是一个三角形数。韦弗斯问道,是否有可能用这其中的牌构成一行8张牌,使得按照"顶点"戏法的规则完成一个三角形后,这36张牌刚好全部用上?"很显然,"韦弗斯写道,"就算可以解决,这也不是个容易解决的问题。我相信,用一个计算机程序来寻找答案更容易。"

我发现这个问题有一个优雅的解。读者可能会享受这个寻求解答的过程。不将翻转算为不同解的话,是否有一个以上的解呢?

答　案

1. 第 n 行以上的所有数之和为 2^n-1。

2. 当且仅当 n 为 2 的幂减 1 时，第 n 行的所有数都是奇数。因为 $255=2^8-1$，所以第 255 行所有的数都为奇数。

3. 第 67 行的所有数，除了两端的那两个 1，都可以被 67 整除。当且仅当 n 为素数时，第 n 行的所有数都可以被 n 整除。这个结论可以在奥格尔维（Stanley Ogilvy）的《通过数学看》（*Through the Mathescope*）第 137 页找到一个证明。

4. 棋子问题可以通过如图 5.4 所示那样将方格标数来快速解决。对于每个起始位置，这些数构成了因受到棋盘边界限制而略有修改的倒置帕斯卡三角形。每个数表示了棋子可以从起始位置到达这个方格的不同路径数。最大的可能路径数是 35，这时棋子从最底行第三个黑色方格开始走到顶行标有 35 的黑色方格。

5. 洛拉尼戏法中的顶点牌的点数通过如下方法确定。设 n 是最初一行的纸牌数，帕斯卡三角形包含 n 个数的那一行提供了计算顶点数的公式。这可以通过一些例子来解释。

假设最底行有 6 张牌，点数为 8，2，9，4，6，7。帕斯卡三角形的对应行是 1，5，10，10，5，1。将其中的 10 化为它们的数字根（通过将其各位数相加），使这一行变成 1，5，1，1，5，1。这些数被用作那六张牌的倍数。将从每端数起的第二张牌乘以 5，相加求和，然后与剩余四张牌的

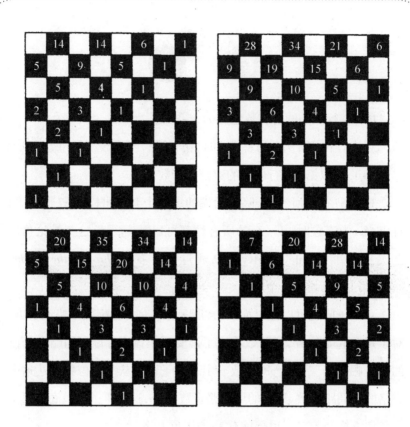

图5.4 棋子问题的解

点数相加。最后的和,化到其数字根,就是顶点数。这很容易进行心算,因为你可以边进行计算边将它们化为数字根。当从每端数起的第二张牌被5乘得数10和30时,那些数立即被化为它们的数字根1和3,和为4。现在把4加上其余四张牌的点数,在计算过程中,将每个和化为它的数字根。最终的结果5,就是顶点数。

如图5.1所示的金字塔,底行有5张牌,帕斯卡三角形的第五行

提供了关键行:1,4,6,4,1。将底行中间的牌点乘6,将与其相邻的两张牌的牌点乘4后,顶点牌的点数就是底行牌点之和的数字根。比起以6张牌为基底行的金字塔,这里需要你进行更多的心算,但对观众来说计算要少一些。顺便说一句,从一副牌里拿走王牌和大于等于10的牌也仅仅是为了简化观众的计算。如果使用一整副牌,这个戏法也行得通,将J、Q和K赋以点数11、12和13。

从一行10个数开始求顶点数是最简单的。在这种情况下,帕斯卡三角形的对应行,化为数字根后就是1,9,9,3,9,9,3,9,9,1。数9相当于0(模9),这样我们可以写出计算基准:1,0,0,3,0,0,3,0,0,1。因此,为获取顶点数,我们仅需要将从每端数起的第四张牌的点数乘3,加上两端的牌点,然后化为数字根。其他的6个数可以完全忽略![由里昂(L. Vosburgh Lyons)提出的]一个精彩表演是让观众自己说出他所喜欢的任意一个数字,并预言这就是顶点数。然后他写下一行9个随机数字,同时允许你可以在他指定的这一行数字的任意一端添加第10个数字。你按以往的方法用计算基准算出三个关键数,把它们加起来,然后给出第四个数,这第四个数是算出与其预言相符合的顶点数所需的任何一个数。

这个戏法不一定局限于"舍九"加法。任意整数都能被舍。帕斯卡三角形,凡其数字是通过同种"舍"法化成的,都给出了所需的计算基准。例如,假设这个戏法从8个数字开始,并且金字塔是通过舍7形成的。帕斯卡三角形的有8个数字的那一行,舍7之后,是1,0,0,0,0,0,0,1。要确定顶点数,只需要加上两端数字,并且如有必要,通过舍7

化成一位数。我把这个问题留给读者：为什么这个三角形在所有这些情况下都产生所需要的计算基准？

帕斯卡三角形经模 2 后，奇数项变为 1，而偶数项变为 0，这与已知的用尺规作出正 n 边形之间有重要的联系。一个正 n 边形可以用尺规精确地画出来，条件是它是 $m2^k$ 边形，这里 m 或为 1，或为不同费马素数的乘积。费马素数是形为 2^s+1 的素数，其中 s 是 2^p，p 为素数。已知的费马素数仅有 3，5，17，257，65 537。因此已知可尺规作出的奇数边正 n 边形的边数为 1，3，5，15，17，51，85，…，4 294 967 295。用二进制数数表示，这些数就是帕斯卡三角形经模之后的前 32 行[①]。是否存在其他费马素数，从而存在其他可尺规作出的奇数边正 n 边形，尚未得知。

---

① 这句话的意思是，将帕斯卡三角形中的每个数模 2，然后将其每一行看作一个二进制数，那么已知尺规可作的奇数边正多边形（共 32 个）的边数的二进制表示，正好就是这三角形前 32 行所表示的二进制数。如，正 15 边形是第 4 个尺规可作的，15 的二进制表示是 1111，而帕斯卡三角形的第 4 行是 1，3，3，1，模 2 后为 1，1，1，1，看成二进制数就是 1111，即 15。——译者注

第 6 章

堵塞、热及其他游戏

这一章中, 我们讨论多种二人游戏, 有一些是旧的游戏, 有一些则是新的, 这些游戏的数学策略都是已知的。首先, 这里有三个简单的游戏以一种滑稽而令人惊奇的方式彼此联系。

1. 9张纸牌, 点数从A到9, 面朝上放在桌子上。玩家轮流拿走一张牌。第一个拿到3张牌点数和为15的玩家获胜。

2. 在图6.1的路线图中, 玩家轮流拿走9条编号高速公路中的一条。拿走的方式是将这整条公路涂上颜色, 既使它可能通过一个或者两个镇(用圆表示)。用两种不同颜色的铅笔用来区分两名玩家的走法。首先将通往同一个小镇的3条高速公路涂上颜色的人就是赢家。[发明这个游戏的荷兰心理学家米雄(John A. Michon), 称它为"堵塞"(Jam), 因为那是由他姓名的首字母组成, 而且游戏的目标是通过阻断高速公路来堵住交叉路口。]

3. 下面的每一个词都分别印在一张卡片上 : Hot(热), Hear(听), Tied(系), Form(形式), Wasp(黄蜂), Brim(边), Tank(坦克), Ship(船), Woes(悲哀)。九张卡片正面朝上放置在桌面上。玩家轮流拿走一张卡片。第一个拿到三张有相同字母的卡片的是赢家。[设计了这个游戏的加拿大数学家莫泽(Leo

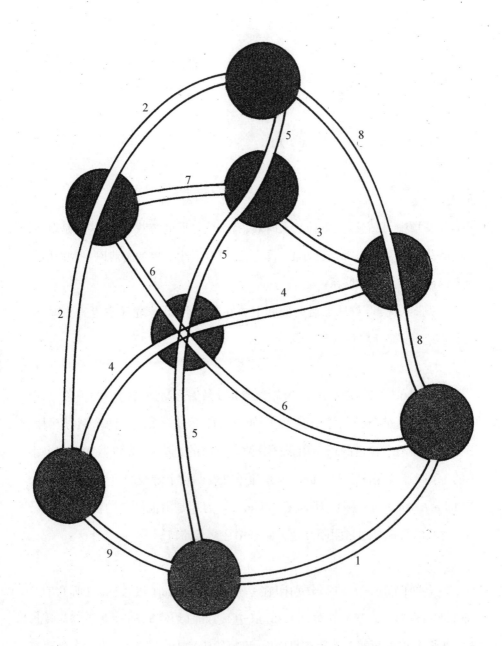

图6.1 堵塞游戏的地图

Moser),称之为"热"。]

　　对于每个游戏而言,问题是:如果两个玩家的走法都是最优的,那么是先手赢,还是后手赢,抑或平局?也许读者已经体验过格式塔心理学家所谓的"闭合"(closure),并认出这三个游戏都与井字游戏同构!

　　我们很容易看到事实正是如此。对于第一个游戏,我们把1到9中三个不同数字组成的且其和为15的三元组列成一个表。恰好有八个这样的三元组。它们可以如图6.2所示被互锁在一个玩井字游戏的棋盘上,构成人们熟知的三阶幻方,其中每行、每列和主副对角线上都是那些三元组之一。每张被一位玩家拿走的牌都对应玩井字游戏时在此幻方的写着与此牌点数相同的数的方格里画一个"圈"或"叉"。在纸牌游戏中获胜的每个三张牌集合,都对应着在此幻方上玩井字游戏时获胜的一行、一列或一条对角线。任何可以把井字游戏玩得很出色并且记住这个幻方的人,都可以立即在那个纸牌版本的游戏里表现得很出色。

2	9	4
7	5	3
6	1	8

图6.2　纸牌游戏的井字版

　　图6.1的地图与图6.3左边所示的对称图是拓扑等价的。而这幅对称图又是图6.3右边所示图的"对偶",这幅"对偶"图则是将井字游戏棋盘的9个方格中心相连而获得的。幻方上每个写着数的方格对应着地图上一条编了号的高速公路,而地图上每个小镇都与幻方上的一行、一列或者一条对角线相对应。

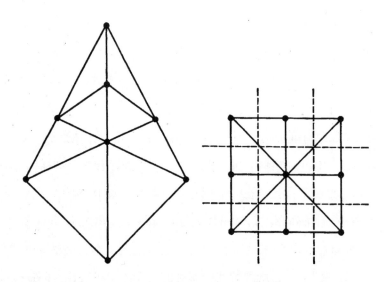

图6.3 堵塞地图的图形(左)和它的"双重"井字(右)

正如之前,这地图上的游戏和井字棋盘游戏之间是等价的关系。

当那9个单词被写在如图6.4所示的井字形矩阵的格子里时,莫泽的文字游戏和井字游戏的同构变得明显起来。三个一行(一列或一条对角线)的单词作一组,每组有一个共同的字母,除了这样安排的八组之外,没有其他这样的组。同样,立刻记住这个单词的方阵,井字游戏高手可以在"热"这个游戏中表现出色。如果两位玩家都理性地玩井字游戏,那始终会是平局,因此这三个等价的游戏也是一样。但是当后手并没有意识到他正在玩一个变形的井字游戏,或者他可能在井字游戏中玩得不怎么好时,先手自然会占很大的优势。

掌握了这三个游戏本质的人将会得到一种有价值的见解;数学中充满了

Hot	Form	Woes
Tank	Hear	Wasp
Tied	Brim	Ship

图6.4 游戏"热"的关键词

这样的"游戏",它们看似几无共同点,然而实际上仅仅是玩同一种游戏所用的两种不同的符号和规则的集合。比如说,正如笛卡儿对解析几何的伟大发现所表明的,几何和代数,完全就是玩同一种游戏的两种方式。

还有许多"取走"型的游戏,其中玩家轮流从一个集合中取走一个元素或一个子集,拿到最后一个元素的人是胜者。这类游戏中最为出名的就是尼姆游戏(nim),它是这样玩的:将一把棋子排成任意数量的行,每一行里有任意数量的棋子。轮到出招的玩家,可以拿走他想要多少就多少的棋子,前提是,它们都来自同一行。拿走最后一枚棋子的人获胜。用二进制数制很容易制定出一个最优策略,正如《悖论与谬误》(*The Scientific American Book of Mothematical Puzzles & Diversions*)中所解释的那样。

尼姆游戏的一个起始格局,正如法国电影《去年在马里昂巴德》(*Last Year at Marienbod*)从头到尾不时出现的那样,由图6.5所示。16张牌排成4行,各行分别为1张、3张、5张和7张。(这个三角形图案象征着电影中的三角恋。)

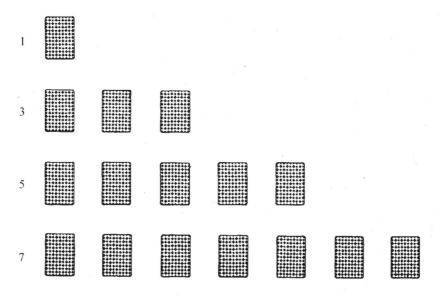

图6.5 尼姆游戏或者木柱游戏的马里昂巴德起始格局

要确定是先手还是后手会赢,我们用二进制数制写下每一行的卡片数,然后把这些列数一列一列地加起来:

1	1
3	11
5	101
7	111
	224

如果每列的和为偶数(如果做模2加法,那就是零),如上述情况,该模式就被称为"安全的"。这意味着先手在与一位专业玩家对阵时必然会败下阵来,因为不管他怎么玩,他总会留下一个"不安全的"模式(至少有一列的和为奇数),而后手可以在接下来他出招时将其转换为另一个安全模式。通过始终留下一个安全模式,他必然会拿到最后一个棋子。(在那部电影中,游戏是以相反的形式进行的:拿到最后一个的是输家。这仅仅需要在游戏结束时做一个小小的策略改变。当有可能留下奇数个单棋子行时,对常规的策略稍作偏离,便可获胜。)

埃农(Michel Hénon),巴黎国家科学研究中心的一位数学家,最近想到了一个有趣的尼姆游戏变种,是用剪刀和绳子来玩的。然而要介绍这个游戏,先要解释一个老旧的尼姆游戏变种,称为木柱戏,绳子游戏与其是紧密相连的。

英格兰趣题专家杜德尼发明了木柱戏,并且在他的第一本书《坎特伯雷趣题》(The Canterbury Puzzles)的第73个问题中予以了介绍。这个游戏如今被称为木柱戏,这是因为杜德尼在介绍时,称其可能是在玩一个14世纪广为流行的同名游戏中出现的问题,在这个同名游戏中,把一个球滚向并排站立的木柱。球的尺寸令其可以正好击倒单个或者两个相接触的柱子。玩家交替滚动球,而击倒最后一个柱子(或者一对柱子)的人获胜。

数学意义上的木柱戏最好是在桌面上用硬币、纸牌或者其他物体进行,只

需将它们排成任意数量的行,正如尼姆游戏一样,每行有任意数量的物体。然而,现在我们必须将每行视作一根由链环连成的链条。一个人可以拿走一个或相连的两个链环。如果从一根链条内部拿走一个物体或者一对物体,链条就被断成独立的两根。例如,如果先手从马里昂巴德模式的最底行拿走了中间的那张牌,这就将这七张牌分裂成两根独立的各有 3 个链环的链条。以这种方式,随着游戏的进行,链条的数量可能会增加。走最后一步的玩家获胜。

木柱戏也适于用二进制来分析,但不像尼姆游戏那么直接。对于每一根链条,我们用一个二进制数与之关联,但这个数(除了 3 个最小的情况)与链条中纸牌张数的十进制数是不相等的。由埃农提供的图 6.6,给出了所需的二进制数,这里称为 k 数,它从整数 1 至 70。在 70 以后,开始了一个奇特的 12 个数的周期。如果数大于 70,把它除以 12,记下余数,然后使用图 6.6 右下部的表格。要确定一个木柱戏模式安全与否,可以使用 k 数,它们正如尼姆游戏中的二进制数。

考虑马里昂巴德的起始格局,对于后手来说,这在尼姆游戏中是安全的,因此他有个能够最终获胜的走法,在木柱戏是否也是同样安全的呢?使用 k 数,我们发现:

1	1
3	11
5	100
7	10
	122

各列的和并非都是偶数,因此在木柱戏中这个格局是不安全的。先手只有一种走法会形成一个安全模式,并由此确保获胜。读者是否能够找到呢?

k 数的推导过于复杂,很难在这里解释清楚。感兴趣的读者会发现,盖伊

行中张数	k数	行中张数	k数	行中张数	k数
1	1	31	10	61	1
2	10	32	1	62	10
3	11	33	1000	63	1000
4	1	34	110	64	1
5	100	35	111	65	100
6	11	36	100	66	111
7	10	37	1	67	10
8	1	38	10	68	1
9	100	39	11	69	1000
10	10	40	1	70	110
11	110	41	100		
12	100	42	111		
13	1	43	10		
14	10	44	1		
15	111	45	1000		
16	1	46	10		
17	100	47	111	超过70的数	
18	11	48	100	余数	k数
19	10	49	1	0	100
20	1	50	10	1	1
21	100	51	1000	2	10
22	110	52	1	3	1000
23	111	53	100	4	1
24	100	54	111	5	100
25	1	55	10	6	111
26	10	56	1	7	10
27	1000	57	100	8	1
28	101	58	10	9	1000
29	100	59	111	10	10
30	111	60	100	11	111

图6.6　玩木柱戏的二进制 k数

(R. K. Guy)和史密斯(C. A. B. Smith)在《剑桥哲学学会学报》(*Proceedings of Cambridge Philosophical Society*,第52期,1959年,516—526页),以及奥贝恩(Thomas H. O'Beirne)在《趣题与悖论》(*Puzzles and Paradoxes*,牛津大学出版社,1965年,第165—167页)中都有详细解释。请注意,没有一个k数超过四位。因此作为各列的和,只有16个不同的奇偶四项组合会出现,其中只有一个组合是偶偶偶偶。正如埃农指出,这使得我们能够得出相当准确的结论:如果一个木柱戏的起始格局,是从所有可能的模式中随机选择出来的,它会是安全的概率接近1/16。(当行数增加时,这个概率会迅速接近1/16。)

木杆戏玩家可以遵循一些有效的规则,从而不必分析每一种模式。两根相等的链条是安全的,因为无论你的对手对其中的一根做了什么,你可以对另一根也这么做。例如,如果两根链条为5和5,并且他从一根链条上拿走了第二张牌,那你可以从另一根上拿走第二张。这样就留下了链条1,1,3,3。如果他从有3张牌的链条上拿走两张牌,那么你对另一根链条也如是做。如果他拿走了只有1张牌的链条,你就拿走另一根。因此,如果起始格局为单独1根链条,则先手会轻松取胜。如果这根链条有一张或两张牌,那么他会全拿走。如果有两张以上的牌,他会从中间拿走一张或两张,以留下两根相同的链条,然后如上所述继续游戏。如果一个模式有偶数根链条,两两配对相等,那么这个初始格局显然是安全的,因为无论先手对一根链条采取怎样的拿法,后手可以对与之相等的链条做同样的事。

记住如下关于双链或三链的安全模式,也是有益的,其中每根链条不超过九张牌。安全的双链(除了两根相等的链条,它总是安全的)是1-4,1-8,2-7,3-6,4-8,5-9。安全的三链可以通过记住以下三组数来心算:1,4,8;2,7;3,6。从每组取一个数,分别作为三根链条的纸牌张数,任何这样的三链都是安全的。

现在让我们来看埃农的二人绳子游戏。给定任意根任意长度的绳子。玩家轮流从任意一根绳子上剪下一英寸长的一段。这段绳子可以从末端剪下来,也可以在中间任何处剪两刀剪下来。在第二种情况下,本来是一根的绳子会变成两根。当然,遇到一英寸的绳子,不需要剪,可以直接拿走。拿到最后一英寸的人获胜。

绳子的长度不一定是有理数。在图6.7中,一个游戏以四条长度为1,π,$\sqrt{30}$ 和 $\sqrt{50}$ 的绳子为开始。如果双方都理性地玩,谁会赢?乍看之下,这似乎是一个极其困难的问题,但如果有适当的洞察力,这个问题将是极其简单的。要解决这个问题,用尺画4条约为所要求长度的直线段。每擦去一英寸长的线段,就把余下的线段标上正确的长度。

该游戏也可以用闭合的绳圈来玩。假设开始时有七个这样的绳圈,每一绳圈的长度超过两英寸。在不知道任何一个绳圈的实际长度的情况下,哪一个玩家会赢?用正确的方式分析的话,这个问题比前一个问题更容易回答。

我们最后一个游戏来自于艾萨克斯(Rufus Isaacs)的书《微分对策》(*Differential Gomes*)(Wiley 出版社,1965年)。趣味数学爱好者或许还记得,艾萨克斯

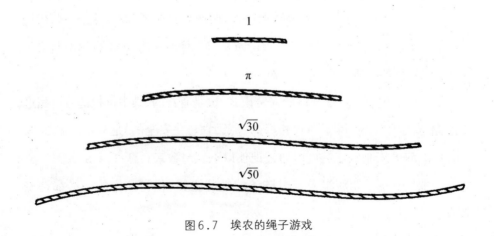

图6.7 埃农的绳子游戏

为纽曼（James R. Newman）的通俗读物《数学和想象》（*Mathematics and the Imagination*）提供了一流的插图设计，但在数学家之中，艾萨克斯因其运筹学专家的身份而广为人知。他的书中充满了解决在军事上常常出现的棘手的冲突对策问题，特别是与追捕相关的对策问题的原创性方法。这些对策问题有的用简单、离散的游戏版本来讨论，这些版本有着极大的娱乐性趣味。

书中被艾萨克斯完全解决的关键游戏之一，是他所谓的"想杀人的司机游戏"。想象有一个想杀人的司机，正驾驶着一辆汽车在一个无限的平面上行驶。他以固定速度行进。他可以瞬间改变方向盘的角度，但是他可以转动的前轮的角度是有限的。同样在这个无限平面上，有一个孤独的行人。他可以在任意时刻往任何方向行走。他的速度也保持恒定，但低于汽车的速度。在什么条件下，汽车（被假设为司机周围的一块实在的区域）总是可以抓住（即碰到）行人？在什么条件下，行人可以永久逃脱？追逐者怎样才能把他逮到猎物（如果这件事可以做到的话）所花的时间最小化？

幸运的是，我们不考虑这些难度较大的问题，而是去考虑多少有点简单的类似游戏，艾萨克斯称之为"行动受限的警车"。想象一座无限延伸的城市，一条条街道构成了一个正方形点阵。一辆警车停在一个十字路口。一车犯罪分子停在另一个十字路口。警车的行驶速度是犯罪分子的车的两倍，但是警车要遵守城市交通规则，这些规则禁止左转和掉头，所以它只能在每个十字路口直行或右转，这使它行动受限；犯罪分子的车不遵守这些规则，因此在每个十字路口它可以转向四个方向中的任意一个。

在量化了的这个游戏中，十字路口由无限棋盘的方格来替代。警车是一枚棋子，上面画着一个矢量箭头，表明它行驶的方向。犯罪分子的车是一枚没有标记的棋子。玩家轮流走棋子，警车先走。所有的走棋就像在国际象棋中车的走法：向上，向下，向左或向右，但不能沿对角线走。犯罪分子一次走一格。警车走两格,且总是沿直线走,或是沿着之前的方向走,或是右转之后沿直线走。(它不可以走一格,右转,再走一格。)如果它停在了犯罪分子所在的方格,或者与其相邻或对角相邻的方格,就算"捕捉"到了犯罪分子。

这些规则如图6.8所示。警车可以在第一步时走到方格A或B。然后,从方格A可以移动到C或D;从B,移动到E或F。每次走棋之后,它应该转一下(如

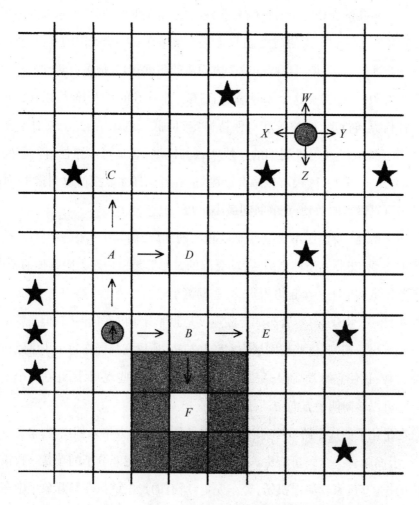

图6.8 艾萨克斯的"行动受限的警车"游戏

有必要），以使它的箭头显示它刚才走的方向。犯罪分子可以走到方格 W，X，Y，或 Z。如果警车在方格 F，而犯罪分子也在这个方格里，或者在 F 周围八个阴影方格中的任意一个里，他们就认为抓住了。

从什么样的起始格局开始，犯罪分子可以被捕获？艾萨克斯证明在警车的初始方格周围，有一个正好 69 个方格的不对称而紧凑的区域，其中每一个方格对犯罪分子而言都是一个致命的起始位置。如果他们以这区域外的任何方格为初始位置，那他们总是可以永久逃脱（假设棋盘没有边界）。

现在要求读者画出一个大棋盘，比如说一个 50×50 的大棋盘（或者找一个有适合的地板图案的房间。），为警车选一个靠近中心的初始位置，看他是否能辨出那 69 个致命的方格。把这个游戏作一番全面彻底的分析，这可以带来许多乐趣。犯罪分子车的玩家可以选择他的初始位置，然后看他能不能在被抓以前到达边界从而获胜。假如玩游戏的时间足够长，将最终勾勒出那个致命区域。但也有一个更简单的方法可以快速划定此区域，并且在其每一个方格上都给出一个数，表明如果双方都理性地玩，那么警车抓到犯罪分子需要走几步。

对于不打算进行完整分析的读者而言，这里有个简单一点的问题。假设警车从如图所示的位置开始。犯罪分子可以从 10 个标上星号的方格中的任意一个开始。所有这些标星方格除了一个外，从其他 9 个方格开始走，他们就可以永久逃脱。哪一个是致命的标星方格，如果他们从那个方格开始走，并且两方都采用最优的走法，犯罪分子在走了多少步后会被抓到？

补 遗

剑桥大学的康韦报告说,他和一些朋友以寻找供游戏"热"使用的九词集合取乐,要求这些词可以组成一句可以理解的句子,从而记起来很容易。一位来信者提出了"狡猾的词"游戏,你在"Count foxy words and stay awake using lively wit"(数这些狡猾的词,然后用活泼风趣保持清醒)这句话取出3个有一共同字母的单词即获胜。读者可以把这些词恰当地排成一个矩阵。至今为止最好的一句话是邓肯(Anne Duncan)的"Spit not so,fat fop,as if in pan."(别这么吐痰,肥胖的花花公子,仿佛在油锅里。)它没有多余的字母。

我所称的关于木柱戏的 k 数,通常被称为格兰迪数,或者格兰迪函数,取名于格兰迪(P. M. Grundy),他是首先表明这种数是如何为一大群类似于尼姆的游戏提供策略的人之一。(参见我1972年1月的《科学美国人》专栏。)

艾萨克斯指出,取走棋子型游戏的一种有用的推广,是设想一个其中棋子具有一种初始位置的巨大正方形网格,一个棋子放在一个格子里,以任何你想要的模式。两位选手交替地拿走同一行或同一列上的任意枚棋子。一大类取走棋子型的游戏,现在可以看作是这个游戏的子集。如果初始位置如图6.9上图所示,我们就有了马里昂巴德的尼姆游戏。如果初始位置如图6.9下图所示,我们就有了木柱戏的马里昂巴德版。如果初始位置是一个正方形,并且每一步被取走的棋子必须是沿边相邻的,我们就有了海恩的十六子棋游戏(参见我的《悖论与谬误》,第25章)。如果每一轮只可以有两个沿边相邻的棋子可以被取走,我们就有了塞砖棋游戏(参见我的《科学美国人》专栏,1974年2月)。当然,这个游戏还可以被进一步推广,把其他类型的网格包括进来,以及在 n 维空间

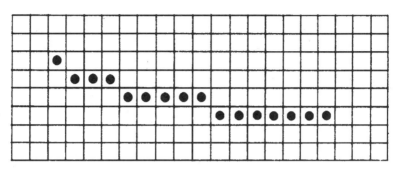

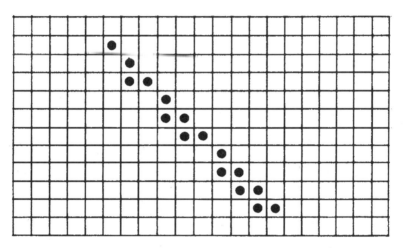

图6.9 马里昂巴德版的尼姆游戏(上图)和木柱戏(下图)

中,创造无穷无尽的各种尼姆型游戏。

在木柱戏的"悲惨"模式下,最后取子的玩家输。在本书交付出的时候(1989年),赛伯特(William Sibert)对此进行了完整的分析,该分析将出现在一篇赛伯特与康韦的合作论文中。

一些读者呼吁关注一个事实,即当用一个单独的闭合绳圈玩绳子游戏时,它相当于劳埃德(Sam Loyd)的雏菊游戏[见《萨姆·劳埃德的数学趣题》(*Mathematical Puzzles of Sam Loyd*)]。

读者被要求在木柱戏中寻找先手的获胜走法,该游戏以马里昂巴德格局开始,4 行分别有 1 个、3 个、5 个和 7 个物体。唯一获胜的走法,是从有 5 个物体的一行拿走中间的那个。

带来了两个问题的绳子游戏,与木柱戏是同构的!允许绳子长度是无理数,似乎会令游戏变得复杂,但实际上并没有,因为附在一个整数长度后面的任何小数长度被证明是不相关的,可以被忽略。设想一根绳子长度为 $6\frac{1}{2}$ 英寸。每次从末端剪下 1 英寸,对应于在木柱戏中从原本有六个物体的一行末端每次拿走一个物体。剩下的小数部分——在这里是 $\frac{1}{2}$ 英寸——在游戏中没有任何作用。从绳子中间剪下一英寸,例如,从一端的 $\frac{3}{4}$(或者任何在 $\frac{1}{2}$ 到 1 之间的小数)英寸处开始剪,对应于在木柱戏中,从六个物体的一行拿走末端两个。那根 $\frac{3}{4}$ 英寸长的绳子显然在游戏之中没有更多的用处了,你还剩下了一根 $4\frac{3}{4}$ 英寸长的绳子,它相当于木柱戏中的四个物体的一行。从 $6\frac{1}{2}$ 英寸长的绳子当中距离一端整数英寸的地方,剪下一英寸长的一段,对应于在木柱戏中从六个物体的一行当中拿走一个。从 $6\frac{1}{2}$ 英寸长的绳子当中距离一端整数英寸再加上一个介于 $\frac{1}{2}$ 和 1 的小数的地方,剪下一英寸长的一段,对应于在木柱戏中的六个物体的一行当中拿

走相邻的两个物体。

稍稍进行一下思考和检验,将很快令你相信,在木柱戏里的每一步,在绳子游戏中都有对应,反之亦然。每一根绳子对应木柱戏中的一行,而其中的物体个数则对应于绳子长度的整英寸数。

一旦认识到这两种游戏之间的等价,第一个关于绳子游戏的问题就立即得到了解答。如果绳子长度为 1,$\pi(3.14\cdots)$,$\sqrt{30}$ $(5.47\cdots)$,和 $\sqrt{50}$ $(7.07\cdots)$,这些绳子就等价于马里昂巴德格局中,每行有1个、3个、5个和7个物体。因此,先手可以获胜,解释如下:他在5.47…长的那根绳子上离一端2英寸的地方剪下一英寸,然后继续用对应于前述木柱戏策略的走法走下去。

如果绳子游戏是用任意多个闭合绳圈进行的,每个都比两英寸长一些,那么后手能轻松取胜。每当他的对手剪开一个绳圈取走一英寸时,后手只需要从这根绳子正中间剪走一英寸。这留下了两根同长的绳子。如木柱戏中所示,这是一个安全模式,不管他的对手对其中一根绳子怎么动手,后手可以对另一根绳子做同样的事。于是,这个模式迅速变成一批成对的同长绳子,由此,后手必然可以拿到最后一英寸。

如果起始格局是一个闭合的绳圈,至少一英寸长,但不到两英寸,那么先手可以拿走一英寸,然后对剩下的绳子,使用刚才描述过的策略,从而获胜。很容易看到,如果这类小绳圈的数量为奇数,那么先手会获胜,如果为偶数,则他会输掉游戏。

图6.10显示了在"行动受限的警车"游戏中,对于犯罪分子的车来说是致命的起始位置区域。警车从带有箭头的棋子所示的位置开

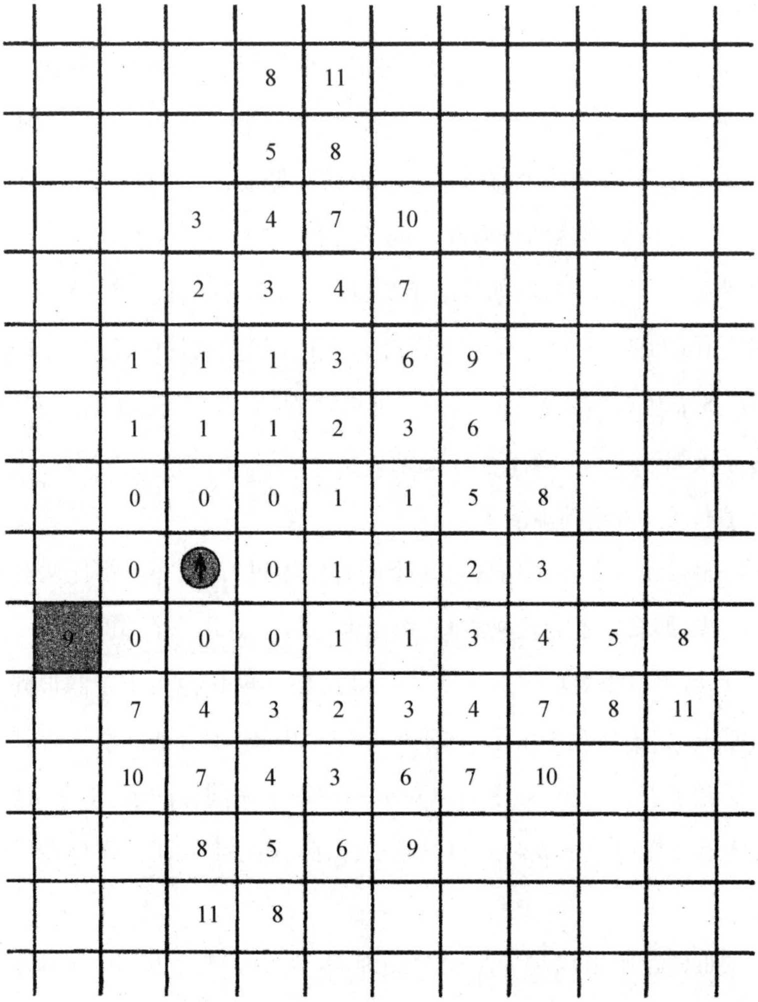

			8	11					
			5	8					
		3	4	7	10				
		2	3	4	7				
	1	1	1	3	6	9			
	1	1	1	2	3	6			
	0	0	0	1	1	5	8		
	0	↑	0	1	1	2	3		
9	0	0	0	1	1	3	4	5	8
	7	4	3	2	3	4	7	8	11
	10	7	4	3	6	7	10		
		8	5	6	9				
		11	8						

图 6.10 "行动受限的警车"游戏的解答

始走。如果犯罪分子的车在任意被标上数的方格里开始走，那么他们会被抓获。每个方格上的数，是在双方都理性地进行游戏的情况下，警车成功抓捕到犯罪分子所需走的步数。这幅图也回答了最后的问

题:在所显示的10个标星的犯罪分子起始位置,唯一的致命方格,是警车左下方走一次马跳可到达的位置(灰色)。如果游戏双方都采用最优走法的话,警车走9步就会实现抓捕。

要通过一个简单的过程,获得这些位置和走的步数,读者可以到艾萨克斯的《微分对策》第56—62页上查阅,其中对这个游戏进行了分析,并且我从这本书中取来了这幅显示答案的插图。我给读者留了一些问题来解答:警车使用什么样的策略,可以用最小的步数抓到犯罪分子的车?以及犯罪分子使用什么样的策略,可以尽可能地拖延被抓到的时间?如果他们从一个未标数的方格开始,或如果警方犯大错,他们怎样才能永久逃脱?

第 7 章

歪招和模棱两可的歪招

厨子多了烧坏汤。

    ——古老的英国谚语

当一个数学谜题被发现存在一个重大缺陷时——答案是错的,或根本没有答案,或与所宣称的相悖而有一个以上答案或有一个更好的答案——就说这个谜题被"歪招"打中了[1]。这样的表达取自国际象棋的行话。(《牛津英语词典》(*The Oxford English Dictionary*)引用了1899年关于国际象棋棋题的一个说法,其大意是说:"假如有两种关键走法,一道棋题就被'歪招'打中了。")

要说一位专家写了国际象棋的棋题和对策分析后,被其他专家找到意想不到的"歪招"的比较有趣的例子,可以写上一整本书。在《有趣的国际象棋事实》(*Curious Chess Facts*)(Black Knight 出版社,1937年)一书中,切尔内夫(Irving Chernev)收录了出现在已出版书中的国际象棋里绝对最令人尴尬的失误之一。一本19世纪晚期由迪弗雷纳(Jean Dufresne)和米泽斯(Jacques Mieses)撰写的关于国际象棋开局的普及性德文手册第八版,给出了以下拒后翼弃兵

---

① 原文是 to be "cooked",意思是"被发现有意外的妙着",其中 cook 是动词。作为名词,cook 即"意外的妙着",这里用加引号的"歪招"译之。将"歪"(不正当的)解为"不正规的""意外的",或许可算作一种称为"曲解"的修辞。另,众所周知,cook 一词的常见义是"厨师",故本章以一句关于厨子的古老英国谚语作为题头格言。——译者注

开局的棋谱。(这里的符号N是指马。①)

白棋	黑棋
1. P—Q4	P—Q4
2. P—QB4	P—K3
3. N—QB3	P—QB4
4. N—B3	BP×P
5. KN×P	P—K4
6. KN—B5②	P—Q5
7. N—Q5	N—QR3
8. Q—R4	B—Q2
9. P—K3	N—K2

作者写道,黑棋现在"胜券在握"。然而事实是,白棋可以在下一步把黑棋将死。读者或许乐意走到这一步,并且看自己有多快可以看出这将死对方的一步。

大师级棋手之间的国际象棋比赛,一方之所以会获胜,往往是因为他对公开棋局的标准下法想出了"歪招",但他把这"歪招"藏着只有自己知道,直到遇

---

① 下面的棋谱用的是老式的描述制记谱法,其中马当用Kt表示,但这里用了N,而这是目前简易代数记谱法中的用法,故作者予以说明。

描述制记谱法现已被淘汰,这里仅作一简单介绍。王(King)、后(Queen)、象(Bishop)、马(Knight)、车(Rook)、兵(Pawn)分别用K、Q、B、Kt、R、P表示。若要区别后翼、王翼,可在棋子符号前加Q或K,如后翼车QR、王翼象KB。若要区别不同的兵,可在P前面加一棋子符号,表示起始局面上位于这个棋子前面的兵,如王前兵KP、后翼象前兵QBP。至于棋盘上格子的坐标,双方各以己方底行为基准:横坐标是起始局面上己方底行棋子的符号,纵坐标是以己方底行为第1行的顺序编号。如白方的Q4,即白后所在列的从白方底行数起的第4格。棋谱中,"—"表示走子不吃子,前放所走棋子的符号,后放所达格子的坐标;"×"表示吃子,前放吃子棋子的符号,后放被吃棋子的符号。——译者注

② 原文作N5,似误。——译者注

上一个值得的对手才使用。西洋跳棋已经被彻彻底底地分析过了,以致于顶级高手之间的大部分对局都是平局。当发生胜负时,通常是一个高手在一个人们熟悉的下法上突然用了一个秘密的未公布的"歪招"。

当然,科学是由一系列永无止境的"歪招"推动进步的。的确,正如哲学家波普尔(Karl Popper)所强调的,如果没有可想到的方式来用"歪招"予以打击,一个科学理论就是"空"的。一个理论可以被"歪招"打击的方法越多,这个理论就越强大,如果它最终通过了所有这些检验的话。数学被视为具有科学所不拥有的铁一般的确定性,但数学家可能犯错误,因此,即使在数学中,一个证明也必须通过由他人担纲的社团确认程序才能确立。数学的历史充满了著名数学家的后来被"歪招"击中的"证明"。这对趣味数学来说特别如此,这是以业余数学家为主的一个领域。

劳埃德,美国最伟大的谜题发明家,发表了数量如此庞大的棋题和数学谜题,因此,他的天才创造中有许多致命缺陷,也就不足为奇了。他最严重的错误之一,是他对于一个分割问题的解答,收录在他的《谜题大全》(*Cyclopedia Puzzles*)第27页上。读者被要求将如图7.1左图所示的图形——一个缺了四分之一

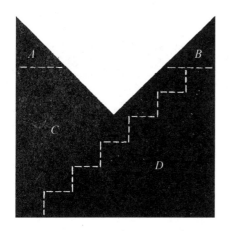
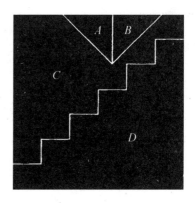

图7.1 被杜德尼的"歪招"击中的劳埃德僧帽变正方形分割法

的正方形——分割成最少的块数,以重新拼成一个完美的正方形。劳埃德的分成四块的图的解答,如左图的虚线所示,而重新拼起来的图形如图7.1右图所示。"通过分成五块至十二块来表演这一技艺,有无数种方法,"劳埃德写道,"但我给出的解答既有难度,又有科学性。"

是英国的谜题专家杜德尼,一位比劳埃德更出色的数学家,用"歪招"打中了这个谜题。劳埃德将那两个小三角形装入"山谷",构成一个矩形,然后以为可通过一种"阶梯"原理把它转换为一个正方形。但是,此阶梯原理能够有效的前提是,该矩形的边长构成某些比例,而这种情况下的比例(3∶4)并非其中之一。[参见杜德尼的《亨利·杜德尼的数学趣题》(*Amusements in Mathematics*),第150个问题,以及《现代谜题》(*Modern Puzzles*),第115个问题。]劳埃德这一聪明的分割产生的不是正方形,而是一个长方形。杜德尼提出了一个正确的五块分割(见图7.2)。通过四块分割来解被认为是不可能的,但是林格伦(Harry Lindgren)在他很棒的一本书《几何分割的有趣问题》(*Recreational Problems in Geometric Dissections*)(Dover 出版社,1972年)中,显示了两个僧帽形如何能以同样的方式被分为四个部分,然后将这八块重新拼成两个全等的正方形(见

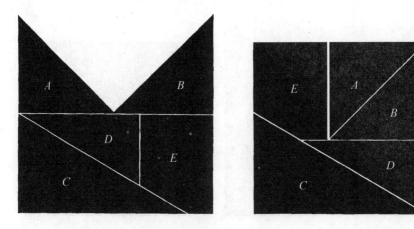

图7.2 杜德尼正确的五块分割

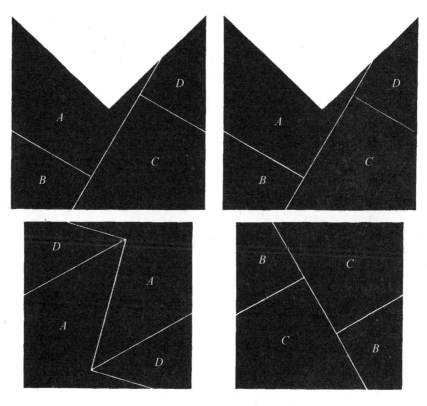

图7.3 林格伦通过分割将两个僧帽形变成两个正方形

图7.3）。

有时一个谜题被"歪招"击中，然后这个"歪招"又被另一个"歪招"击中。刘易斯（Angelo Lewis），一个用笔名"霍夫曼教授"撰写魔术和谜题书籍的英国人，在他的书《旧的和新的谜题》（*Puzzles Old and New*）（1893年）中，给出了一个用到20个筹码的谜题：在图7.4的构形中，可以标示出多少个以其中四个筹码为顶点的不同正方形？17个，霍夫曼说道。在一篇文章《用硬币玩的最佳谜题》[The Best Puzzles with Coins，《河岸杂志》（*The Strand Magazine*），1909年]里，杜德尼列出了19个不同的正方形，用"歪招"击中了这个说法。实际上，有

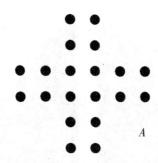

图7.4　一个两次被"歪招"击中的筹码谜题

21个正方形。杜德尼在他的一本书再版时,给出了这个正确的数字。读者要找到这21个正方形应该没什么难度,但是这个老谜题的第二部分就没那么容易了:拿走六个筹码,使得不存在任何大小的以其余的四个筹码为顶点的正方形。

　　杜德尼的大多数错误是由他在杂志和报纸上专栏的读者逮到的,这使他能够在谜题出现在书里之前进行改正。但即使这样,他的书还是有许多可以被"歪招"击中的谜题。考虑下面这个类似于国际象棋中的车在棋盘上巡游的问题,它出现在《亨利·杜德尼的数学趣题》(第244个问题)和《现代谜题》(第161个问题)中。一辆车从一个正方形城市区域边缘的路口A驶入,这个城市每边有7个街区(见图7.5)。或者,你也可以在标准棋盘上王的格子里放上一个车,不过沿着格点线移动,可使这个距离问题不那么模糊。这辆车必须驶过尽可能最长的路线,而且转弯不能多于15次,也不能重复经过曾驶过路线的任何部分。在实现最大距离的同时,它还必须留下尽可能少的未经过的路口。

　　杜德尼在他那两本书中给出了一个较差的解答(图7.5左):一条经过70个街区的路线,有19个格点未经过。杜德尼自己通过图7.5中图所示的路线[他后来的一本书《谜题和有趣的问题》(*Puzzles and Curious Problems*)中第269

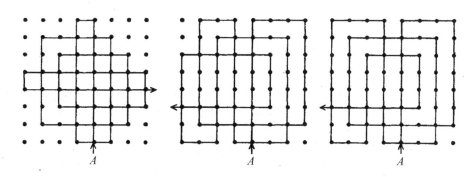

图7.5　一个关于图的谜题的第一种解答(左)和两种"歪招"

个问题的解」用"歪招"击中了它,这条路线长达76个街区,并且仅剩下3个路口未经过。这是终极答案吗?不,爱尔兰都柏林郡的米利(Victor Meally)给我寄来了如右图所示的路线,76个街区,15次转弯,然而仅有一个转角未经过!是否可以找到一条比76个街区更长的仅15次转弯的路线,或者一条经过所有路口的长76个街区的路径来再次用"歪招"击中这个问题呢?大概没有,但是据我所知,米利的解答还没有被证明是最后的解答。

《谜题和有趣的问题》中的第57个问题,显示了一个用罗马数字的钟面,并且问,怎样才能将其分割成四块,每一块上的数字相加得20。由于从数1加到12的和为78,所以必须找到某种策略,把和提高到80。杜德尼的笨办法是将IX颠倒过来,视为XI,使得如图7.6左图所示的分割成为一个可能的解答。劳埃德发表了如图7.6右图所示的分割方式(1909年发表在《萨姆·劳埃德和他的谜题》一书中),去除了这一缺陷。然而,劳埃德也漏过了12个其他同样完美的解答,其中没有一个解答需要从错误的一侧去看数字。读者应该不费多大力气就能找到其中9个,但另有3个是相当难找。请注意,根据钟表制造者通常的习惯,罗马数字的4被写作IIII,而不是IV。数字必须被认为是固定地附在钟面边缘上的;也就是,一条分割线可能穿过一个小时数字,但不允许绕着任何数字

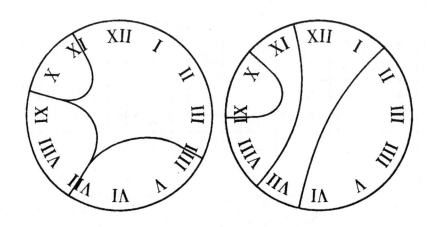

图7.6　杜德尼时钟谜题的答案(左)和劳埃德的"歪招"(右)

兜圈子,将它们与钟面边缘分开。如果这被允许的话,那问题就失去了乐趣,因为可以找到数以百计的解。

　　在对劳埃德那两辑庞大的《谜题大全》(Dover出版公司平装版)进行编辑时,我发现了数百个错误,其中大部分是印刷错误。我没有注意到的几个合法的"歪招"之中,有一个最搅脑子的(这种类型的搅脑,必定一刻不停地折磨着那些对人造卫星运行状况做长期记录的人们),是关于劳埃德的《谜题大全》第117页上的雄鹰问题的,首先是明尼阿波利斯的惠勒(D. H. Wheeler)令我注意到了它。在太阳升起的那一刻,一只北美秃鹰从华盛顿的国会大厦圆顶的顶部起飞,飞往正东方向,直到太阳升到它头顶,然后反转方向,飞往正西方向,直到它看到日落。由于在秃鹰上午飞行的阶段,秃鹰和太阳向相反的方向运动,而在下午飞行的阶段向相同方向运动,很显然,下午的飞行时间会更长,并且秃鹰的飞行终点会在它起点的西面。秃鹰一直休息到再次日出,然后重复这个过程——向东飞行,直到它看到中午的太阳,向西飞行,直到它看到太阳落山,然后休息到下一次日出——直到它以这样的方式最终绕地球一圈再回到华盛

顿。假设这飞行圈的周长，从圆顶出发沿一条东西方向的路径绕地球一圈再回到圆顶，正好是 19 500 英里。再假定在每个"白天"结束的时候，按秃鹰的观察，它的飞行结束在日出时它起飞的地方往西 500 英里。当秃鹰回到国会大厦时，据身在华盛顿的某个人的计量，时间过去了多少"天"？在那两集平装版的第一集里给出的答案是 38 天，这是错误的。读者应该怎样计算呢？

在所有最为出色的谜题"歪招"中，有一个也涉及了地理。一位探险家站在地球上的某一个位置。他看向正南方向，看到有一只熊在离他 100 码处。熊往正东走了 100 码而探险家原地不动。这位探险家随后将枪瞄准了正南方向，开枪并且射死了熊。这个人站在哪里？当然，最初的答案是：在北极。然而，正如《数学新娱乐》（*The Scientific American Book of Mathematical Puzzles & Diversions*）[西蒙与舒斯特出版社（Simon & Schuster），1959 年]的解释，这个问题还有另外一个答案。这个人可以站在非常接近南极的地方——接近到当熊往东走的时候，这 100 码路程让它绕极点一圈，回到了出发的地方。事实上，这一类型的解是一个无限集合，因为这个人可以站在更加靠近南极的地方，让熊得以绕极点两次，或者三次，等等。现在这个问题被完全"歪招"击中了吗？远非如此。施瓦茨（Benjamin L. Schwartz）在 6 年之前为一本数学杂志写的文章中，又发现了两组更彻底不同的解答！再次仔细阅读问题，看看你是否能想到这些解答。

除了针对我的《科学美国人》专栏里问题的真正"歪招"之外，有时我也会在精明读者的来信中收到一些另类的"歪招"，因为缺乏一个更好的名字，我称之为模棱两可的"歪招"。这种"歪招"利用了文字游戏和说明题目条件时的不精确性。

我曾经在一本儿童读物中，给出了下面这个开玩笑的问题。在下表中，圈出 6 个数字，使圈出的数的总和为 21：

```
9  9  9
5  5  5
3  3  3
1  1  1
```

　　我的答案,是将这一页上下颠倒过来,把3个6以及3个1圈起来。来自马里兰州银泉市的威尔克森(Howard R. Wilkerson),兴高采烈地找到一个更好的解答,用模棱两可的"歪招"击中了这个问题。无需颠倒页面,他将每个3圈了起来,再将左边的1圈起来,然后再在另两个1周围画一个更大的圈,圈起来的数,3,3,3,1,11,其和显然是21。

补 遗

　　没有读者为这个车找到一条有15次转弯的比76个街区更长的路线,或者一条经过所有路口的长76个街区的路线。许多读者寄来了有15次转弯、走遍所有路口且长75个街区的路线。顺便提一句,早已证明,一个车要经过所有格子,14次转弯是最少的了,如果要求路线的终点与起点重合的话,最少为15次。

　　有关射杀熊的问题,不少来信给出了另一些解:这位探险家从一面镜子中往南看,探险家在一辆移动的车或一艘移动的船上"静止不动",熊以停在一块漂移的浮冰的同一点上的方式"行走",子弹绕地球一圈,等等。以下来自英国谢珀顿的珀顿(R. S. Burton)的来信,在1966年10月《科学美国人》的读者来信栏中刊登了出来:

先生们：

　　出于对射杀熊的问题的兴趣，我希望提交这个问题的另一组无穷多个解答……在南极地区，熊属动物实属罕见，在这种纬度进行这样形式的狩猎，沮丧之情伴随而生。我的解答可以缓解这种沮丧之情。我的提议是这样的，它使得这位探险家可以让自己待在地球表面上与这个长期受折磨的野兽差不多同一经度的任何地方，然后不管射程是长是短，向南对它射击即可，当然，这只熊必须在南半球。

　　该方法基于这样的事实：由于地球的自转，从一个指向朝南方向的枪里发射出来的子弹，会被赋予一个向东的速度分量。该分量等于地球在赤道处的自转线速度乘以探险家所在纬度的正弦值①。假设熊所在位置（在南半球）比探险家所在位置（北半球或南半球）的纬度高，而后者武器的射程足够长而且（或者）子弹出枪口时的初速度足够低，熊就

---

① 似误，当为余弦值。——译者注

会被射中。举例来说，若探险家在南纬89°，熊在 89°10′（相距约 $11\frac{1}{2}$ 英里），一颗以每小时约600英里的速度向正南射出的子弹，在熊往东移动了100码以后仍然会打中它。射程越短而且（或者）探险家与熊相遇处的纬度越低，就需要子弹射出时初速度越低的武器，反之亦然。

正是由于这方面的重要性，在第一次世界大战期间，德国人不得不考虑他们那超射程的"巴黎大炮"和目标之间的纬度差，把瞄准方向往东偏离，以抵消地球自转的效应。

施瓦茨对上述来信的未公布答复如下：

亲爱的伯顿先生：

我非常欣赏您使关于猎熊知识的文献更加丰富。但我满怀敬意地提醒您，您实际上在您的解答中改变了这个问题的规则。在我1960年的论文中，我十分明确地规定了这个问题是球面数学中的一道习题。用猎熊的语言来表达是为了增加趣味性，

但基本上，它是坐标几何学中的一道习题。请特别注意随信附上的复印件中那些做了记号的段落。

要使您的解答版本有效，讨论的范围必须扩展到将动力学包括进来。而一旦您这样做，您就要对付新的问题。例如，你所说的那么低的子弹出枪口速度，使达到所需的射程成为不可能。您知道，这是由于重力。对于您在信中给出的情况，射击必须在海拔约 75 000 英尺的高度进行，以免子弹在水平方向上行进了 $11\frac{1}{2}$ 英里之前（忽略空气阻力）射到地面。现在，我认为您不得不同意，这就意味着要有一位身材相当高的猎手。

要解决这个困难，一种办法是假设猎人向上以一个陡峭的角度射出，使得速度的水平分量是您所给出的 600 英里/时；而竖直分量则被选得让子弹在 69 秒以后这个恰到好处的时刻回到地面。然而，我担心，如果我们提出这样的解答，接下来的"歪招"会要求将空气阻力和外弹道特性考虑在内。您看，这么做会惹来一连串的麻烦。

要在保留科里奥利效应的同时，将问题保持为"理论上的"，你觉得以下的"解答"怎么样？子弹的出枪口速度约为 1.7 万英里/时，刚刚足够令子弹保持在一条离地面 5 英尺高度的轨道上。它沿着这条

向西进动的轨道不停地无限期地环绕地球运行，直至它射中(概率为1)任何一头高度超过5英尺和宽度为正数的熊。(注：射击后，猎人需要迅速蹲下躲避。)

答　案

1. 白棋的马走到Q6即可将死对方。

2. 图7.7显示了从20个筹码中拿走6个(灰色)，使得留下来的筹码中，任何4个筹码都无法标示出那21个正方形中任意一个的4个顶点。不考虑旋转和反射，该解答是唯一的。

3. 关于时钟谜题，除了劳埃德的解答，另外还有12个完美的答案(见图7.8)。每个钟面被分为4个部分，每个部分的中数相加得20。最后3个解答最难找到。

4. 根据人们在华盛顿的计量，劳埃德的那只鹰在 $39\frac{1}{2}$ 天后的日落时分，完成它的飞行。秃鹰会看到 $38\frac{1}{2}$ 个"白天"(以它在飞行中看到的日出和日落来计量)。但是，因为它绕着地球以一个与地球自转方向相反的方向飞行，和人们在华盛顿经历的天数相比，它少了一天。

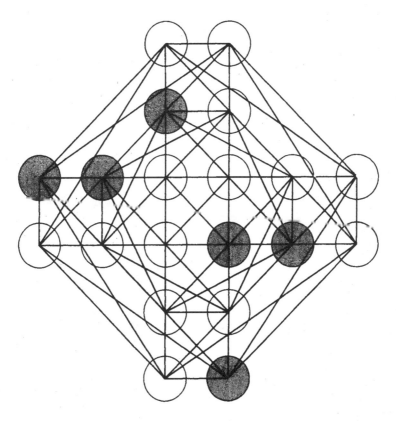

图7.7　20个筹码问题的解答

5. 假设探险家和熊都在南极附近。熊在这个人南面100码处,它在这样一个点上,这个出发点可使它往东走了100码后,会处于南极点另一侧与那个人正相对的地方。因此,当探险家向南瞄准并射击的时候,子弹飞过了南极点,然后射中了熊。这里有一组无穷多个解答,因为熊可以离南极点更近,使得它的行走让它绕南极点转了一圈半

图7.8 时钟分割问题的解答

或者两圈半，如此等等。

第二组容易被忽视的答案，关键在于题目中的这个说法："他看向正南方向，看到有一只熊在离他100码处。"显然这个人和熊的初始位置，可以是在南极点的两侧相距100码的地方。这个人比熊离南极点更远。熊往正东走了100码后，它走过了一个半圆，走到了那个人正南面的一个点上，两者在南极点的同一侧。当然，这个人可能离南极点还要远一些，使得熊可能完成一个完整的圆，或一个半圆，或两个圆，或两个半圆，如此等等，从而生成另一组无穷多个解答。当这个人离南极点100码时，这组解答到达了一个极限。这时熊的行走退化成了一个绕南极点的自身旋转。这两组被忽视的解答都是由施瓦茨在《熊是什么颜色的？》(What Color Was the Bear?)一文中给出的，该文刊登在《数学杂志》1960年(第34卷)9月—10月刊第1—4页)。

第 8 章

皮特·海因的超椭圆

有

一种艺术，

没有更多，

不会再少：

做

任何事情，

都要朴实，

不可花哨。

　　——皮特·海因（Piet Hein）

　　个文明的现代人，总是从各个方面，无论是室内还是室外，被塑造物体形状的两种古老方式之间的微妙而人们很少注意到的冲突所包围。这两种方式是：成直角和成圆形。圆形车轮的汽车，由手动圆形方向盘控制着方向，沿着纵横交错如同矩形网格线一般的街道行驶。建筑物和房屋大多数均由直角构成，圆形的穹顶和窗户偶尔点缀一番。我们在矩形或圆形的桌子旁，膝盖上放着长方形餐巾，用圆形的盘子吃饭，用横截面为圆形的杯子喝饮料。我们从矩形的包装纸板上撕下火柴点燃圆柱形的香烟。还有，我们用矩形的纸币和圆形的硬币支付矩形的账单。

　　甚至我们的体育运动里也结合了直角和圆形。玩得最多的户外运动，是在矩形球场上玩圆球。室内运动，从游泳池到象棋棋盘，都是圆形和矩形的类似组合。矩形的纸牌拿在手中形成扇状的圆弧形排列。这个矩形页面上的字母，是直角和圆弧的拼缀之作。无论你往哪个方向看，你的视野里都充满了方形、圆形以及与它们仿射伸缩的形状：矩形和椭圆。（在某种意义上，椭圆比圆形更多见，因为从一定的角度观察时，每个圆都看上去是椭圆。）在光效应艺术画作和纺织品设计中，正方形、圆形、矩形和椭圆形彼此争相表现，一如它们在日常生活中那样。

　　丹麦作家和发明家皮特·海因最近问他自己一个有趣的问题：怎样的一种

最简单又最赏心悦目的闭曲线能够公正地居间调停这两种互相冲突的倾向？皮特·海因(他总是被提及全名)最初是一位科学家,他在斯堪的纳维亚国家和英语国家中以他那极其脍炙人口的各卷优雅格言诗(评论家们将之比作马提亚尔[①]的隽语),以及他那关于科学和人文主义论题的作品而闻名遐迩。对于趣味数学家来说,他作为六贯棋、索玛立方块和其他一些有名的游戏和趣题的发明者而声名显赫。他是维纳(Norbert Wiener)的朋友,维纳的最后一本书《神和机器人》(*God and Golem*),就是献给他的。

皮特·海因问自己的这个问题,是由早先于1959年在瑞典产生的一个棘手的城市规划项目所引起的。许多年之前,斯德哥尔摩就已决定对市中心的一块满是旧房子和狭窄街道的拥挤地区进行拆除重建工作。二次大战结束后,这项庞大而昂贵的项目终于上马。有两条新的宽阔的交通要道,一条南北向,一条东西向,在这个市中心地区相交。在这两条要道的交叉处,要铺设一个宽大的矩形场地(如今被称为塞格尔广场)。在这个场地的中心,是一个卵形的凹地,其中有一个喷泉,喷泉周围是一个卵形的水池,水池中有数百个较小的喷泉。阳光透过这水池的半透明池底,照入一个卵形的自助餐厅。这餐厅低于路面,周围满是由立柱和商店构成的卵形环。在这下面,最终还将有两个卵形的地下层,那里是餐厅、舞厅、衣帽间和厨房。

在设计这个中心凹地的准确形状时,瑞典的建筑设计师们遇到了意想不到的障碍。椭圆不得不被否决,因为它那尖凸的两头会对周围车流的顺畅性造成影响;况且,它放在那块矩形场地中也显得不协调。随后,城市规划者们便试图采用一种由八个圆弧构成的曲线,但它看上去就是一个拼凑之作,有八处曲率发生"跳跃",十分难看。另外,规划要求对那些大小不同的卵形作嵌套式布

[①] 马提亚尔(Marcus Valerius Martialis,约40—103/104年),古罗马诗人。主要诗集有《奇观》(*Liber Spectaculorum*)和《隽语》(*Epigrammata*)。——译者注

置,但这种八圆弧曲线没法以一种讨人喜欢的方式被这样布置。

到这一步,负责这个项目的建筑设计团队就去请教皮特·海因。这种问题,需要的正是他那数学和艺术的联合想象力,正是他那幽默感,正是他那在人们意料不到的方向上进行创造性思维的才能。那么,他会找到怎样的一种不像椭圆那样尖凸的曲线,它既能讨人喜欢地被嵌套式布置,又能显得十分协调地放在斯德哥尔摩市中心那块矩形的露天场地中?

要理解皮特·海因的新奇答案,如他所做的那样,我们必须首先将椭圆视作一个更为普遍的曲线集合中的一个特殊情况,这个集合中的曲线,在笛卡儿坐标系中的方程为:

$$\left|\frac{x}{a}\right|^n + \left|\frac{y}{b}\right|^n = 1,$$

其中 a 和 b 是不相等的参数(任意常数),它们表示该曲线的两个半轴长度,而 n 为任意正实数。竖直线括号表示对每个分数要取它的绝对值;也就是说,不管其数值的符号。(在后面给出的一些公式中竖直线括号将被省略,假设绝对值是不言而喻的。)

当 $n=2$ 时,满足方程的 x 和 y 的实数值(用现代的术语来说,它的"解集")决定了落在以这两个坐标轴的原点为中心的椭圆上的图形点。当 n 从 2 向 1 递减时,这卵形的两头更为尖凸(海因称之为"半椭圆")。当 $n=1$ 时,这个图形是一个平行四边形。当 n 小于 1 时,这四条边是凹曲线,并且随着 n 趋近于 0,这四条边越来越凹。到 $n=0$,它们退化为两条相交的直线。

如果 n 被允许增长到大于 2,这卵形的边就越来越平直,它越来越像一个矩形,事实上,当 n 趋向无穷大时,矩形是它的极限。在什么时候,这样的曲线看起来最顺眼?皮特·海因设定 $n=2\frac{1}{2}$。在计算机的帮助下,400 对坐标被计算到 15 位小数,画出许多不同尺寸的更大的精确曲线,它们具有相同的长宽比

（以符合斯德哥尔摩市中心那块露天场地的比例）。这些曲线竟然是不可思议地令人满意，它们既没有太圆，也没有太方，优雅地结合了椭圆和矩形的美。此外，如图8.1和图8.2所示，这样的曲线可以被嵌套式布置，给人以一种强烈的协调感和同心卵形线之间的一致感。皮特·海因将所有这些有2以上指数的曲线称为"超椭圆"。斯德哥尔摩立即采用了这个指数为 $2\frac{1}{2}$ 的超椭圆作为它新市中心的基本主题。当整个中心最终完工的时候，它必然会成为瑞典的著名旅游景点之一。（对数学家而言当然是！）这个大型超椭圆水池已经为斯德哥尔摩带来一种不同寻常的数学特色，就好像圣路易斯拱门的大悬链线，主导着当地的天际轮廓线那样。

同时，一位大众熟知的瑞典家具设计师，马森（Bruno Mathsson），饶有兴味地采用了皮特·海因的超椭圆。他首先制作了各种超椭圆形的书桌，现在摆放

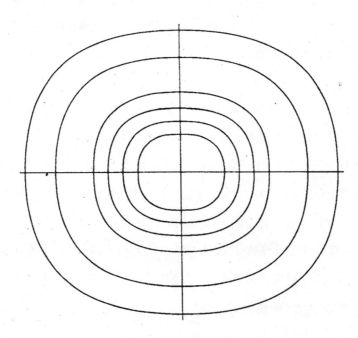

图8.1 同心超椭圆

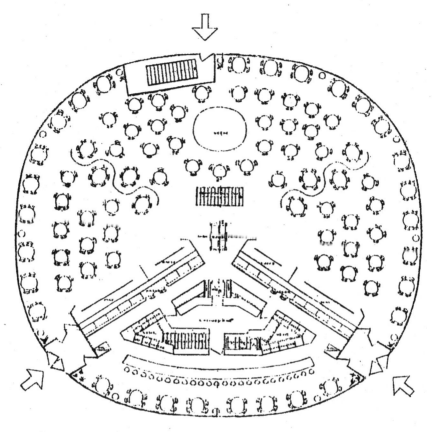

图8.2　斯德哥尔摩的地下餐馆及其上面水池的平面图

在许多瑞典高管的办公室内,随后又设计了超椭圆形的桌子、椅子和床。(谁还需要棱棱角角?)丹麦、瑞典、挪威和芬兰的各行各业纷纷向皮特·海因寻求各种直角与圆不相容的问题的解决方法。最近几年以来,他一直致力于设计超椭圆形的家具、餐具、杯垫、灯具、银器、纺织品图案等等。其中的桌子、椅子和床还体现了皮特·海因的另一种发明:非同寻常的自夹紧的桌脚、椅脚和床脚,极易拆下和装上。

"与圆和椭圆一样,超椭圆有着令人信服的统一性,但没有那么显眼,也没那么平庸。"皮特·海因最近在一本关于应用艺术和工业设计的主流丹麦杂志上写道。(该杂志那一期的封面,是白底上一个凸显的黑色线条的超椭圆,并配以这种曲线的方程。)

"超椭圆不仅仅是一种风靡一时的新时尚,"皮特·海因继续写道,"它是对一次和二次的较简单曲线,即直线和圆锥曲线的束缚的一个解脱。"顺便说一句,我们不能将皮特·海因的超椭圆与常见的,特别是在电视机屏幕形状上看到的土豆形曲线混淆。这种曲线难得超过用各种圆弧拼接成的卵形线,并且没有任何能将审美上的统一性赋予曲线的简单方程。

当椭圆的两条轴相等时,它当然是一个圆。如果在圆的方程 $x^2 + y^2 = 1$ 中,指数 2 被一个更大的数代替,绘制出的曲线就变成了皮特·海因所称的"超圆"。指数为 $2\frac{1}{2}$ 时,从它艺术地处于两个极端当中这个意义上说,它是一个真正的"方圆"。具有一般方程 $x^n + y^n = 1$ 的曲线,当 n 从 0 趋向无穷时,其形状变化画在图 8.4 中。如果这个图可以沿着一根轴被均匀地拉伸(仿射变换之一),它将描绘出以椭圆、次椭圆和超椭圆为其成员的一族曲线。

用同样的方法,可以把球和椭球的相应笛卡儿方程中的指数提高,以获得皮特·海因所称的"超球"和"超椭球"。如果该指数是 $2\frac{1}{2}$,这样的立体可被视为在通向成为立方体和长方体的道路上走到半途的球和椭球。

真正的椭球,有 3 条不相等的轴,方程为:

$$\frac{x^2}{a^2} + \frac{y^2}{b^2} + \frac{z^2}{c^2} = 1,$$

其中 a、b 和 c 是不相等的参数,代表每条轴的一半长度。当这 3 个参数相等时,这个图形便是球。当只有两个参数相等时,这个表面称作"旋转椭球面"或类球面。它是将一个椭圆绕其相等两轴中任一根旋转而形成的。如果旋转是绕较长轴进行的,其结果就是一个长随球——一种蛋形,其圆形横截面垂直于这根轴。

事实证明,对一个密度均匀的长椭球的实体模型,用其任何一头竖起时,都无法比一个鸡蛋竖起时更能保持平衡,除非有人对鸡蛋使用一种通常被认为是哥伦布采用的计谋。哥伦布在1493年发现美洲大陆之后,回到西班牙,他以为新发现的大陆是印度,从而证明了地球是圆的。在巴塞罗那,人们设宴招待他。这是本佐尼(Girolarno Benzoni)在他的《新世界历史》(*History of the New World*,威尼斯,1565年)中所讲述的故事(我从一个早期的英译本中引来):

哥伦布和许多体面的西班牙人在一次聚会上……其中一个人担保说道:"克里斯托弗先生,即使你没有找到印度人,在这里我们西班牙自己的国土上,我们也不会连一个尝试去做你同样事情的人也没有,因为这里满是伟大的人物,他们精通宇宙志和文学。"哥伦布对这些话不置一词,只是要了一个鸡蛋。他把它放在桌子上,说道:"先生们,我将和你们所有人打一个赌,你们无法像我一样让这个鸡蛋在没有其他任何东西支撑的情况下立起来。"他们都试了,没有人能成功地让它立起来。当鸡蛋回到哥伦布的手中时,他把鸡蛋往桌子上一敲,只是稍稍敲破了鸡蛋的一头,就让它稳稳地立住了。所有的人尴尬不已,他们都明白他要说的话了:在他做完这件事之后,大家都知道怎么做了。

这个故事可能是真的,但是在此15年前,瓦萨里(Giorgio Vasari)就在他著名的《最杰出的画家、雕塑家和建筑师们的生活》(*Lives of the Most Eminent Painters, Sculptors and Architects*,佛罗伦萨,1550年)中讲述过一个似乎相似的故事。年轻的意大利建筑师布鲁内莱斯基(Filippo Brunelleschi),为佛罗伦萨大教堂——圣母百花大教堂设计过一个大而重得不同寻常的圆顶。该市的官员们要求看看他的模型,但他拒绝了,"他提出……谁能在一个大理石平面上让一个鸡蛋竖直立起来,谁就应该去建造那圆顶,因为这样每个人的才能就能得到识别。于是取一个鸡蛋，所有那些师傅们都试图让它竖直立起来，但没有一个人能找到方法。当要求布鲁内莱斯基把鸡蛋竖起来时，他轻轻拿起鸡蛋，把它的一头在大理石平面上一敲，便使其直立了起来。工匠们抗议说，他们也能做到这样。但布鲁内莱斯基笑着回答说，要是他们看了模型或者设计图的话，他们也能够建起圆顶。于是事情就这样解决了——他应该被委派去完成这项工作。"

这个故事有一个超级搞笑的地方。当巨大的圆顶终于完工时（那是在许多年以后，但是在哥伦布第一次航海的数十年以前），它的形状是半个鸡蛋，底部是平的。

这些与超鸡蛋又有什么关系呢？好吧，皮特·海因（顺便提一句，关于哥伦布和布鲁内莱斯基的引文出处，就是他提供的）发现，一个指数为 $2\frac{1}{2}$ 的超鸡蛋——实际上，任何指数的超鸡蛋——实体模型，假如与其宽度相比并不是很高的话，可以用任何一头站立并立即保持平衡，无需任何鬼花招！事实上，几十个胖乎乎的木质和银质的超鸡蛋现在在斯堪的纳维亚半岛各处礼貌而永久地站立着。

考虑图8.3所示的银质超鸡蛋，其指数为 $2\frac{1}{2}$ ，高宽比为4:3。看起来好像要翻倒了，但事实并非如此。超鸡蛋这种鬼魅般的稳定性（两头都是）可以被认为是超椭圆在方和圆之间协调平衡的象征，从而这也是像皮特·海因这样的人那协调平衡的心智的一个讨人喜欢的象征，他如此成功地居介调停了斯诺（C. P. Snow）的"两种文化"。

图8.3　银质超鸡蛋,用任意一头都可稳定站立

·　·　·　·　·　·　补　遗　·　·　·　·　·　·

　　由方程 $|x/a|^n + |y/b|^n = 1$ 表示的平面曲线族,首先是由19世纪的一位法国物理学家拉梅(Gabriel Lamé)认识到并加以研究的,他在1818年写了关于这些曲线的文章。在法国和德国,都被称为拉梅曲线。当 n 是有理数时,它们是代数曲线,而当 n 是无理数时,则是超越曲线。

　　当 $n = 2/3$, $a = b$ 时,曲线是星形线(见图8.4)。这曲线由在一个大圆内沿其内侧滚动的小圆上的一个点的轨迹生成,而这个小圆的半径为大圆的1/4或3/4。戈洛姆(Soloman W. Golomb)使人们注意到,假如 n 为奇数,并且拉梅曲线

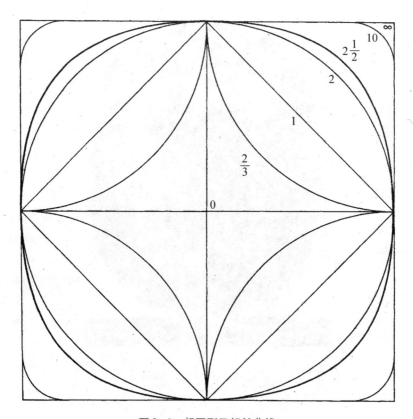

图8.4 超圆形及相关曲线

方程里的绝对值符号被去除,你会得到一个曲线族,著名的阿涅西箕舌线曲线是其一个成员(当 $n=3$ 时)。霍根(William Hogan)来信说,由他和其他工程师所设计的那些风景区干道的拱门,往往是指数为2.2的拉梅曲线。他说,在1930年代,它们被称为"2.2椭圆"。

当一个超椭圆(指数大于2的拉梅曲线)被应用到一个实际对象上时,其指数和参数 a 和 b 当然可以有所变化以适应环境和偏好。对于斯德哥尔摩的那个市中心来说,皮特·海因使用参数 $n=2\frac{1}{2}$, $a/b=6/5$。几年以后,罗宾逊(Gerald Robinson),一位多伦多的建筑师,把超椭圆应用于多伦多郊区彼得伯勒一

个购物中心的停车库。长宽比例被要求是 $a/b = 9/7$。给定这个比例，一项调查显示，一个比2.7略大一点的指数可以构成一个看起来最为美观的超椭圆。这表明 e 可以作为一个指数使用（因为 $e = 2.718\cdots$）。格瑞吉曼（Norman T. Gridgeman）在他关于拉梅曲线的内容丰富的文章中写道，罗宾逊用 e 作为指数，结果是，这个卵形线上的每一个点，除了与轴线相交的4个点外，都是超越点。

读者们也建议使用其他参数。特纳（J. D. Turner）建议说，通过选择指数，使所得图形的面积正好是圆形和方形（或者矩形和椭圆形）这两种极端图形的面积的平均值，从而居间调停这两个极端。曼德维尔（D. C. Mandeville）发现这个调和圆形和方形的面积的指数，如此接近 π，这使他想知道，它是否就是圆周率。不幸的是，事实并非如此。布莱克（Norton Black）使用计算机确定，该值比3.17略微大一点。特纳还提出，通过选择一个指数，使所得曲线通过一条将矩形的角连到椭圆上相应点的直线的中点，来调和椭圆和矩形。

特纳和布莱克各自都建议将 a/b 设为黄金比例，使超椭圆与美观的"黄金矩形"相结合。特纳选出的最美观的超椭圆，是参数 $a/b =$ 黄金比例，$n = e$ 的卵形。巴林斯基（Michel L. Balinski）和霍尔特第三（Philetus H. Holt Ⅲ），在1968年12月（我没能把该月的哪一天记下来）的《纽约时报》上发表的一封信里，建议将 $n = 2\frac{1}{2}$ 的黄金超椭圆作为巴黎的谈判桌的最佳形状。那时候，准备为达成一个越南和约而谈判的外交官们，正在就他们谈判桌的形状吵吵嚷嚷。如果在桌子形状上不能达成一致，巴林斯基和霍尔特写道，应该把这些外交官们放入一个中空的超鸡蛋，然后摇晃它，直到他们达成"在超椭圆上的一致"。

塞格尔广场，在瑞典语中称为"塞格尔托格"，仍在建造之中。超椭圆形广场以及与地面等高的喷水池已经建造完成。那下面的皮特·海因拱廊，及其商店和餐厅，预期将在1979年完工。

超鸡蛋是更一般的立体形状的一个特例,可以称之为超椭球。这种超椭球的方程为:

$$\left|\frac{x}{a}\right|^n + \left|\frac{y}{b}\right|^n + \left|\frac{z}{c}\right|^n = 1.$$

当 $a = b = c$ 时,其立体是一个超球。随着指数的变化,其形状从球变为立方体。当 $a = b$ 时,这个立体的横截面是超圆,其方程为:

$$\left|\frac{x}{a}\right|^n + \left|\frac{y}{a}\right|^n + \left|\frac{z}{b}\right|^n = 1.$$

具有圆形横截面的超鸡蛋,方程为:

$$\left|\frac{\sqrt{x^2 + y^2}}{a}\right|^n + \left|\frac{z}{b}\right|^n = 1.$$

当我在我的专栏里写超椭圆时,我认为任何一个指数大于2和小于无穷大的立体超鸡蛋,假如它的高度和宽度之比不超过一个太大的比值,将在用其任何一头站立时保持平衡。当然,指数无穷大的立体超鸡蛋将成为一个直立圆柱,从原则上说,无论它的高度比宽度多出多少,它总是能用它的平底站立。但是在不到无穷大的情况下,看起来在直觉上很清楚:对于每个指数,存在一个临界比例,若长宽比超过这个临界比例,鸡蛋就无法保持稳定。事实上,我甚至发表了下面的证明:

如果一个鸡蛋的重心 CG 低于其底线中点的曲率中心 CC,那么鸡蛋就会平衡。它平衡,是因为对鸡蛋的任何轻推都会提高重心 CG。如果 CG 比 CC 高,鸡蛋就不稳定,因为最微小的推动都会降低重心 CG。为使这一点更清楚,首先考虑图8.5左边所示的球。球内 CG 和 CC 位于同一点:球心。对于任何一个指数大于2的超球,如图8.5左边第二图所示,CC 高于 CG,这是因为其底部凸起不

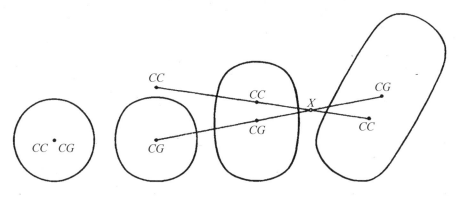

图8.5　关于超鸡蛋不稳定性的错误证明示意图

够。指数越大，则底部凸起越少，CC就越高。

现在假设超球被均匀地沿其竖直坐标往上拉伸，变为一个旋转超椭球，或者皮特·海因所称的超鸡蛋。在它被拉伸的时候，CC点下降，CG点上升。显然，CC和CG必定重合于某一点X。在到达此临界点之前，超鸡蛋是稳定的，如图8.5左边第三图所示。过了这个点，超鸡蛋就不稳定了（图8.5右）。

格雷姆（C. E. Gremer），一位退役的美国海军指挥官，是众多读者中第一个告诉我这个证明是错误的人。与直觉相反，在所有超鸡蛋的基座点处，曲率中心无限高！如果我们增加超鸡蛋的高度，而让其宽度保持不变，基座点处的弯曲程度就保持"平坦"。德国的数学家称之为平坦点（Flachpunkt）。在超椭圆的两头，有类似的平坦点。换句话说，所有超鸡蛋，不论其高宽比，理论上都是稳定的！随着超鸡蛋变得更高和更瘦，当然也有一个临界比例，在这个临界比例上，使这超鸡蛋倒下所需的倾斜度是如此接近零，以致材料的非均匀性、表面的不规则性以及振动和气流等因素都会令其实际上不稳定。但是，在一个数学上理想的意义上，没有临界的高宽比。正如皮特·海因所说，在理论上我们可以把任何数量的超鸡蛋，每一个宽为一英寸，高和纽约帝国大厦一样，头对头地一个放在一个上面,保持平衡,不会翻倒。计算使一个给定的超鸡蛋无法再恢复平衡的精确的"倒下角度",在微积分中是一个棘手的问题。许多读者解决了这个问题,并且寄来他们的结果。

说起鸡蛋的平衡,读者可能不知道,如果你有足够耐心,并且手法很稳的话,几乎所有的鸡蛋可用它大的一头在光滑的平面上立起来。通过先摇晃鸡蛋试图弄碎蛋黄是没有用的。作为一个适于在客厅表演的戏法,更令人迷惑的是将鸡蛋用以下方法用它那尖的一头立起来:偷偷将一小撮盐放在桌子上,将鸡蛋竖立在上面保持平衡,然后轻轻地将多余的盐粒吹走,再叫观众们进来看。留下的令鸡蛋保持平衡的微量盐粒是看不到的,特别是在白色表面上。由于某种奇特的原因,用正当方法将鸡蛋用其大头站立并保持平衡,1945年在中国成为风潮,至少1945年4月9号的《生活》杂志上的图片故事是这么说的。

世界上最大的超鸡蛋,由钢和铝制成,重量将近一吨,于1971年10月设立在格拉斯哥的开尔文馆外,是为了向皮特·海因表示敬意,他出席了在那里举行的现代家园展并且作了演讲。超椭圆曾经两次出现在丹麦的邮票上,1970年,在纪念托瓦尔森(Bertel Thorvaldsem)的2克朗蓝色邮票上,以及1972年的圣诞节封缄上,上面有女王和亲王夫妇的肖像。

各种尺寸和材质的超鸡蛋,在世界各地的独特礼品专卖店里都有销售。用脱氧钢制成的小型超鸡蛋作为一种"行政主管的玩具"被推上市场。对它们的一个最好的玩法是,取一个这样的小超鸡蛋,用其一端站立,轻轻一推,试着让它做一个、两个或者更多个前滚翻,最后用另一端静止站立。壳壁中空的超鸡蛋,填以一种特殊的化学物质,作为饮料冷却器出售。更大的超鸡蛋被设计来装香烟。更昂贵的超鸡蛋,纯粹作为艺术品也正在制作。

第 9 章

如何三等分一个角

个孩子在平面几何中学到的头两个尺规作图是角的平分,以及将线段等分成任意数量的线段。两者都很谷易做到,因此很多学生常得很难相信无法用尺规三等分一个角。事实上,通常正是那些在数学方面最有天赋的学生,会将之视为一个挑战,并且立即想着手解决,试图证明老师的说法错了。

类似的事情发生在了几何"童年期"的数学家身上。早在公元前5世纪,几何学家将他们大部分的时间倾注于寻找一个用直线和圆来获得一个可以三等分任意角的交点的方法。当然,他们知道某些特定的角可以被三等分。比如说,三等分直角是非常简单的。只要画圆弧AB(见图9.1),然后,不改变圆规两脚的开度,将带针的一脚放在点B,画一条弧与前一条弧相交于点C。从O到C的直线就三等分该直角。(读者可以通过证明这篇文章中提到的三等分角方法的正确性,来重温一下平面几何,所有的证明都很简单。)接着可以得到,60°角是180°平角的三等分角,而通过平分30°角,又可以获得三等分45°角的角。无穷多个特殊角度显然可以在这经典的限制条件下被三等分,但希腊几何学家想要的是一个普遍适用于任何给定角的方法。寻找这个方法和倍立方以及化圆为方,一起构成了古典几何学的三大作图问题。

直到1837年,一本法国的数学杂志发表了由汪泽尔(P. L. Wantzel)撰写的第一个完全严格的证明,证明三等分角是不可能的。他的证明太过专业,无

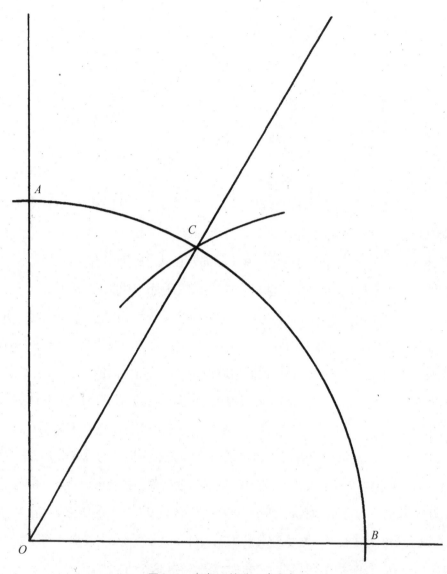

图9.1 如何三等分一个直角

法在这里说明,但下面的文字给出了它的主要思路。[这个证明的一个最完全以及最好的非专业性阐释可以在柯朗(Richard Courant)和罗宾斯(Herbert

Robbins)的《数学是什么》(*What Is Mathematics?*)127—138页找到。]考虑一个60°角,它的顶点位于一个笛卡儿坐标平面的原点(见图9.2)。以 O 为圆心画一个圆,并且假设该圆的半径为1。60°角的三等分线与这个圆相交于点 A。是否有可能仅用尺规找到点 A?如果不行,则至少有一个角无法被三等分,因此不存在一般的方法。

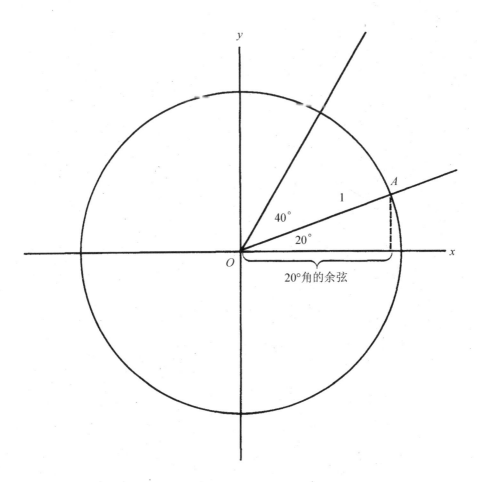

图9.2 用尺规无法"作出"点 A

因为笛卡儿平面上的直线是线性方程的图像,而圆是二次方程的图像,可以证明,仅使用一把直尺和一个圆规,有且仅有5种可对给定的线段进行的运算。对这些线段可以进行加减乘除的运算,并且也可以求平方根。给定任意线段,长度为n,我们可以使用尺规求得n的平方根。同样的运算可以在n的平方根$\sqrt{n}$上再使用,以求得$\sqrt{n}$的平方根,即n的四次方根。因此,通过重复求平方根这一运算有限多次,可以求得以加倍数列$2,4,8,16,\cdots$中任何一个数为次数的方根。要使用尺规来求得任何线段的立方根是不可能的,因为3不是2的幂。所有这些,与解析几何中的证明以及所谓"数域"的代数一起,确定了这样一件事:平面上的"可作"点,只能是那些其x轴和y轴坐标都是某种类型方程的实根的点。这种方程必须是一个不可约代数方程(不能被因式分解为更低指数的式子),其系数是有理数,并且方程的次数是2的幂,即最高的指数是加倍数列$2,4,8,\cdots$中的一个。

现在考虑图9.2中点A的x轴坐标,这个点三等分60°角,它的x轴坐标度量了一个斜边为1的直角三角形的底边,所以等于20°角的余弦。使用一些简单的三角公式捣鼓一下后显示,该余弦值是一个不可约三次方程$8x^3-6x=1$的无理根。该方程为三次方程,因此,点A不可作。由于没办法使用尺规找到点A,60°角无法在那些经典的限制条件下被三等分。类似的论述证明,不存在一般的方法可用以通过尺规将任何给定角5等分、6等分、7等分、9等分、10等分,或者等分数为任何不属于数列$2,4,8,16,\cdots$的其他数的等分。在无穷多个角中可以被三等分的,是那些角度等于$360/n$的,其中n是2的幂,或2的幂的5倍。因此,以下整度数角可以被三等分:9°、18°、36°、45°、90°和180°。9°角是可三等分的最小整度数角。它的三等分角,3°角,不能被三等分。换句话说,要用尺规来作出一个单位角是不可能的。2°角也不行。

当然,有很多方法可以近似地三等分角。其中一个最简单的方法[是斯坦

144

因豪斯（Hugo Steinhaus）在《数学万花筒》（*Mathematical Snapshots*）中给出的]
适用于图9.3所示的60°角。首先，这个角被一分为二，然后是半角上的弦被三
等分。这提供了一个三等分原来那个角的点，误差要小于作图中不可避免的
不精确度。已经发表了许多更好的近似三等分用的方法，但其中大多数需要更
多的工作。

绝对精确的三等分角只能通过打破那些传统限制条件中的一个而得到。
许多非圆曲线，例如双曲线和抛物线会产生完美的三等分角。另一些方法则假
定可以有无穷多个作图步骤，而三等分角的直线则是一个极限。然而，要避开
那些限制的最简单方法是在直尺上标记两个点。甚至不用真的做上标记也行：

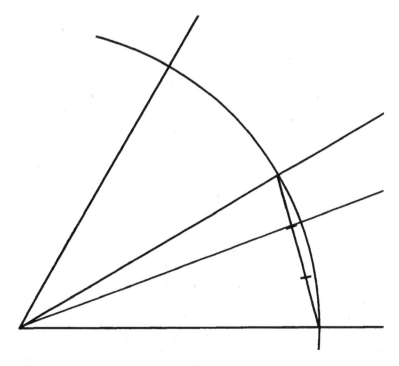

图9.3　一个（几乎）能三等分任意角的简单方法

用直尺边缘的两端来标记一条线段,或利用直尺的宽①,或者仅仅将圆规的两脚紧紧贴在直尺边缘。由这种作弊方法得来的最佳的三等分角,可以在阿基米德的著作中找到。要被三等分的角是图9.4中的∠AED。先如图所示画一个半圆,然后向右延长DE。让圆规两脚张开的距离保持为半圆的半径DE,将两脚抵住直尺,放在图上,并让直尺通过点A。调整直尺,直到直尺上由圆规两脚标记的点分别与那半圆及DE的延长线相交于点B和点C。换句话说,令线段BC与半径相等。圆弧BF现在刚好是圆弧AD的三分之一。

为了角的三等分,人们发明了各种各样奇奇怪怪的机械装置。[其中二十个在盖尔西(Italo Ghersi)所写的一本关于趣味数学的标准的意大利语著作《趣味数学的乐趣》(*Matematica Dilettevolee Curiosa*,最新版)476—489页中有图示。]阿尔伯塔大学的一位数学家莫泽(Leo Moser)曾在一篇文章中指出,普通的手表就是这样的一种工具。如果分针走过的弧度是要被三等分的角的四

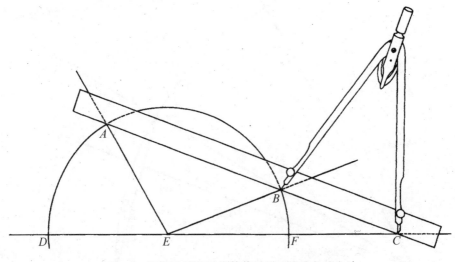

图9.4　阿基米德通过作弊获得的三等分角的方法

---

① 用直尺边缘的两端或用直尺宽度标记下文提到的线段DE,接下来的操作似不可行。——译者注

倍,那么时针走过的弧度就是那个角的三分之一。一位名叫肯普(Alfred Bray Kempe)的伦敦律师所设计了一个别出心裁的联动装置,它的基本原理用到了关于交叉平行四边形的定理。交叉平行四边形是将平行四边形对折使两条对边交叉而形成的(见图9.5)。联动装置上的3个交叉平行四边形是相似的。最小一个的长边是中间那个的短边,中间那个的长边则是最大一个的短边。如图所示,那个装置可以自动地三等分角。通过增加更多的交叉平行四边形,其原理可以拓展而制造出一个将角分为你想要的任意个相等部分的装置。

有一种被称为"战斧"的制作简单的硬纸板三等分角装置,它没有可移动的部件,也无需前期的作图画线,却保证能无条件地并且立即精准地三等分角(见图9.6)。其顶边AD被点B和点C三等分。其弯曲的边缘是一个半径为AB的半圆弧。"战斧"如此放置:将顶点D放在被分角的一条边上,让半圆与另一条

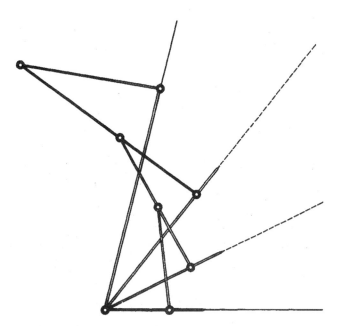

图9.5　肯普的三等分任意角的联动装置

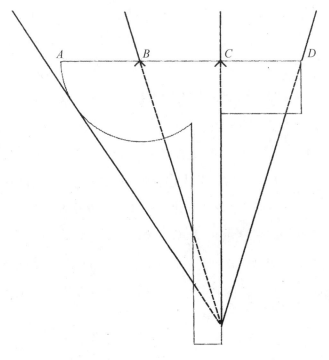

图9.6 "战斧"三等分器

边相切,并让"斧柄"的右边缘经过角顶点。于是点B和点C将此角三等分。如果被分角过于尖锐,战斧无法按要求放置,则你可以将此角翻倍一次或多次,直至它足够大,将这较大的角三等分,然后将结果减半,你翻倍多少次就减半多少次。

　　虽然用尺规作图不可能三等分角的证明完全说服了所有能理解它的人,但世界各地还是有业余数学家自欺欺人地相信已经找到符合经典要求的方法。典型的三等分角者是那些其平面几何知识只够弄出一个作图程序,但不够用来看懂不可能性证明或者不够用来看出自己方法中致命缺陷的人。其三等分方法往往是如此复杂,其证明步骤如此繁琐,即使是专业的几何学家要找到其中肯定有的错误之处也不那么容易。职业数学家往往受到这种证明的青

睐。但由于要找到错误之处既费时又不讨好，他们通常干脆将材料原封寄回，根本不想去审读分析。这毫无例外地肯定了三等分角者的怀疑，认为专家们在从事一项有组织的阴谋活动，以防止他们的伟大发现被人知道。在他们的方法被他们投稿的所有数学期刊拒绝刊登后，他们经常在自费出版的书中或者小册子中对之进行解释。有时候，他们也可能在当地一份报纸的广告中描述他们的方法，并且会说他们的稿件已经被正规地公证过了。

最后一位因角的三等分问题而在美国得到大肆宣传的业余数学家是卡拉汉（Jeremiah Joseph Callahan）教长。1931年，时任匹兹堡杜肯大学校长的他，宣称自己已经解决了三等分角问题。合众社发出了一份长长的电讯稿，作者是卡拉汉神父本人。《时代》周刊登了他的照片，以及对他这一革命性发现的赞颂有加的报道。（同年，卡拉汉神父出版了一本310页的书，书名是《欧几里得或爱因斯坦》（*Euclid or Einstein*），他在其中通过证明欧几里得著名的平行公理而推翻了相对论，因为平行公理可被证明，就说明了非欧几何的荒谬性，而广义相对论正是构建在非欧几何基础上的。）记者们和门外汉们，对权威数学家们甚至还没等看到卡拉汉神父的证明就明确地声称它不可能是对的，纷纷表示震惊。最后，在当年年底，杜肯大学出版了卡拉汉神父的小册子《角的三等分》（*The Trisection of the Angle*）。"数学家们是正确的，"数学家阿德勒（Irving Adler）说，他在他有趣的书《猴子生意》（*Monkey Business*）中讲述了这个故事，"卡拉汉并没有将角三等分。"他实际上只是拿来了一个角，将它变成三倍，然后再求出原来的角而已。

1960年6月3日，丹尼尔·井上（Daniel K. Inouye），当时是代表夏威夷州的众议员，后来是参议员及水门事件调查委员会成员，查阅了《国会记录》中第86届国会致基德吉尔（Maurice Kidjel）的一封长信（附录A4733—A4734页）。基德吉尔是檀香山的一位肖像画师，他不仅完成了三等分角，还解决了化圆为方和倍立方问题。他和杨(W. K. Young)就此写了一本书,叫作《震惊数学界的两小时》(*The Two Hours the Shook the Mathematical World*),以及一本小册子《挑战和解决那三个不可能问题》(*Challenging and Solving the Three Impossibles*)。通过一家名为"基德吉尔比例"的公司,他们将这本书与基德吉尔比例规捆绑销售,让人们可用以实践这个系统方法。1959年,这两个人在美国许多城市就他们的工作进行演讲。一家旧金山电视台KPIX,制作了一部关于他们的纪录片,叫作《世代之谜》(*The Riddle of the Ages*)。据井上所言,"基德吉尔的解决方法如今还在夏威夷、美国本土及加拿大的数以百计的中学和大学里进行讲授。"人们希望他的说法是夸大其词。

加利福尼亚州的一位通信者给我寄了一份1966年3月6日周日版《洛杉矶时报》(*Los Angeles Times*)的剪报(A版,第16页),好莱坞的一位男士用了一个双栏广告来展示他用14步三等分角的方法。

如今,数学家可以对一个三等分角爱好者说些什么呢?他可以提醒他们,在数学中,要定义一个任务在一个最终的和绝对的意义下不可能是可能的:在任何时间上不可能,在所有可能的(逻辑上一致的)世界中不可能。三等分角的不可能,就如同在国际象棋中不可能用移动马的方法来移动后一样。在这两种情况下,不可能性的根本原因是相同的:这种操作违反了一种数学游戏规则。数学家可以敦促三等分角爱好者去找来一本《数学是什么》,并且学习上文提到的部分,然后回到他的证明中,进一步努力地再尝试一次,找到他是在哪里误入歧途的。但是三等分角爱好者是固执己见的,不太可能听取任何人的意见。德摩根(Augustus De Morgan)在他的《悖论一箩筐》(*A Budget of Paradoxes*)中,从一本关于三等分角的19世纪小册子中引用了一个典型的短语:"多年殚精竭虑的结果。"德摩根的评论则简洁扼要:"非常可能,但非常伤心。"

让我们用一个比较积极的评论来结束这一章。这里有一种作图法,用了与

阿基米德三等分角一样的作弊方式,解决了倍立方问题。在图9.7中,*ABCDEF* 是一个边长为1的正六边形,直尺经过点*A*并与线段*BD*相交,以使它的两个标记点(间隔单位长度)正好为*BD*边上的点*X*和*BC*延长线上的点*Y*。它们是圆规两脚所放的点。于是,$AX = \sqrt[3]{2}$,我们可以作出一个两倍于单位立方体体积的立方体,还有,$BY = \sqrt[3]{4}$。

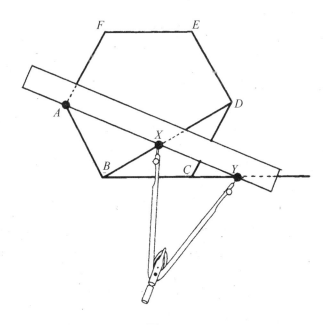

图9.7

第1章　帕金斯夫人的被子和其他正方形填装问题

几位读者提出了以下关于帕金斯夫人被子的问题。当 k 为何值时，一个正方形、一个立方体或者一个 n 维超立方体可被分割为原图形的 k 个副本？假设不要求所有的副本都大小不同。

如果所有的副本必须大小不同，那只有正方形可以这样分割。我提到过，它可以分割为少至 24 个大小不同的正方形，但这还不是最小个数。最小个数已经证明是 21。你会在《科学美国人》1978 年 6 月，第 86—87 页找到关于这个解的一张图片和一份报告。不可能将一个立方体或者一个 n 维的超立方体分割为大小不同的副本。对于立方体的不可能证明（也可以很容易地扩展到超立方体上）是十分优美的；你可以在《迷宫与幻方》[西蒙与舒斯特(Simon & Schuster)出版社，1961 年]的第 208 页上找到。

即使允许有相同大小的副本，也不可能将一个正方形分割为 2、3、5 个正方形，但是对 k 的其他值可以做到。洛德(Nick Lord)在他 1988 年的注记"超立方体的分割"(Subdividing Hypercubes)中证明了，对于所有 n 维立方体来说，k 的不可能值的数量是有限的。然而，要确定一个 k 值超过它就能做到的下界并不容易，同样，要确定这个下界以下哪些 k 值可以做到也不容易。洛德给立方体确立了一个值为163的下界,并补充说,还有改进空间。纽约州布法罗的贝尔航空公司的康纳(W. J. Conner)寄来了一个下界为80的证明。可能这个下界还可以降低。

一个立方体可以被分割成8个一模一样的小立方体。因为对任何一个小立方体都可以进行类似的分割,并且这个过程可以继续,所以对于所有 $k = 1$(模7),即8、15、22、29等等,把一个立方体分割为 k 个小立方体都是可以的。很容易看到, k 的值不能为2到7,因为一次分割必然在8个角的每个角上都有个正方体。一个3阶的立方体可以分割为20个立方体(一个二阶立方体和19个单位立方体)。除了已知分成15个小立方体是可能的之外, k 是否可以取9至19的任意值?或许不行,但是我知道除了已被康纳证明为不可能的13以外,没有其他的证明结果或者反例。

令人惊异的是,关于这个问题或者将帕金斯夫人被子问题延伸到立方体上的问题,研究工作很少。据我所知,也没有任何人证明,在布里顿的正方形填装问题中,49个平方单位是最小可能的未覆盖面积,尽管这个结果显然是对的。

在修订这本书的时候,康韦注意到一个事实,即 $0^2 + 1^2 + \cdots + 24^2 = 70^2$ 在数学上有很深刻的应用,甚至在物理学上也有一些应用。

第2章 弗利斯医生的数字命理学

自我写了关于弗洛伊德和弗利斯的这篇专栏文章后,一大堆关于这两个男人之间古怪而又有些神经质的联系的新信息冒了出来。有兴趣的读者可以查看我的文集《新时代:一名边缘守护者的笔记》[*The New Age: Notes of a Fringe Watcher*, 普罗米修斯(Prometheus)出版社,1988年]中"弗洛伊德、弗利斯和艾玛的鼻子"(Freud, Fliess, and Emma's Nose)这一章。这章讲述了一个可

怕的故事,弗利斯搞砸了他为弗洛伊德一位病人所做的鼻子手术,而弗洛伊德为他朋友手术失败拼命寻找借口。

生物节奏仍然在那些容易轻信的人那里受到追捧。在机场,有一些引人注目的机器,收取一定费用之后,它就会给你一张你的命运图。神秘学杂志上,仍然在鼓吹可以确定你的幸运日和不幸日的各种电子设备。人们已进行了几十种严格控制的实证研究,以确定有规律的不幸日与像意外事故、死亡、自杀以及体育灾难这样的事件之间是否相关。无一例外地,它们彼此间毫不相关。正如1978年三位研究人员在对生物节奏和矿难间相关性的论文所称的,在进一步的调查上浪费时间和金钱,就和想射中独角兽一样无用。真正的信徒,像占星术爱好者,对这样的研究一点兴趣也没有。你说服不了他们去阅读这类报告,就好比你无法说服一个原教旨主义者去选地质学的大学入门课程。

很难想象,还会出现什么比生物节奏更疯狂的关于人类行为的周期理论了,并且还找得到一家有名的出版商,但我们这个时代就是这样的。

《灵魂》[*Psycles*,鲍勃斯-美林(Bobbs-Merrill)出版社,1980年],由巴尔基(Dwight H. Bulkey)所作,对一个正好为37小时的人类周期进行了辩护!对于巴尔基这本毫无价值的书,海因斯(Terence Hines)在《怀疑的问询》[*The Skeptical Inquirer*,夏季(Summer)出版社,1982年,第60—61页]中总结自己的观点时说:"这本书,是各种精神信仰的大混杂……写得极为糟糕,常常前言不搭后语,缺乏内在逻辑。这是一本疯子的大作,在我过去数年间所阅读的超自然领域的书籍中,这是一本最愚蠢的书籍。"

第3章 随 机 数

在关于随机数这章的第一页上,我提到了博克的论点,即与19世纪相比,20世纪对于随机性的兴趣更为浓厚。这个论断,产生于1980年代对于自然界中随机分形图案和混沌理论的关注大浪潮。对于这两个紧密相连的研究领域兴奋不已的,不只是数学家和物理学家。关于分形的书籍,伴随着那些计算机生成的神奇图片,在普通大众中卖得异乎寻常的好,而格雷克(James Gleick)一部杰出的著作,《混沌:造就一门新科学》(*Chaos: Making a New Science*, Viking 出版社,1987年)成了畅销书。

第5章 帕斯卡三角形

太多读者来询问在帕斯卡三角形一章补遗的结尾处,我未作答的纸牌问题的解。在这里,我给出答案。我不知道存在多少种解法,但是我找到一种方法,纸牌最底行如下:1,2,3,4,5,6,7,8。

第8章 皮特·海因的超椭圆

皮特·海因的数学游戏是我在《科学美国人》的许多专栏文章的讨论主题,其中大部分已经在各本书里重印。关于那个六贯棋,参见《科学美国人:趣味数学集锦之一》(*The Scientific Amerian Book of Mathematical Puzzles and Diversions*, Simon & Schuster, 1959),第8章。称为 Tac-Tix 的类尼姆游戏,后来以尼姆比(Nimbi)闻名,在同一本书的第15章中也有提到。皮特·海因著名的索玛立方块是《科学美国人:趣味数学集锦之二》(*The Second Scientific American Book of Mathematical Puzzles and Diversions*, Simon & Schuster, 1961)第6章的讨论主题,也是《打结的甜甜圈和其他数学娱乐》(*Knotted Doughnuts and Other Mathematical Entertainments*, W. H. Freeman)第3章的讨论主题。

1972年,一个美国公司,加布里埃尔工业集团的一个分支机构赫布利玩具公司,推出了5款由皮特·海因发明的非同寻常的机械智力玩具。现在在市场上已难觅踪影,但以下是我在1973年2月的《科学美国人》专栏里对它们的描述:

1. 尼姆比。这是皮特·海因的类尼姆游戏的一个12棋子版本。这些棋子是在一个可以翻转的圆形棋盘上可移动可插入小孔锁定的销钉。玩了一局后，可以将销钉下压，把棋盘翻过来，进行下一局比赛。

2. Anagog。这是一个皮特·海因的索马立方体的球形变体。6个单位球联合体，可以构成一个20球四面体或者两个10球四面体，或者其他立体和平面图形。

3. 十字架(Crux)。一个有着6条伸出臂的立体十字架，每条伸出臂被设计成可以独立旋转。有若干个题目要你完成，其中一个是令每一个相交处都有三个不同颜色的点。

4. 拉动(Twitchit)。一个十二面体，各个面可旋转。题目是要求旋转表面，使得每个角处有三种不同的符号。

5. 推箱子(Bloxbox)。鲍尔(W. W. Rouse Ball)在他1892年写的《数学游戏与欣赏》(*Mathematical Recreation and Essays*)中讨论了标准的14-15滑块智力游戏："我们也可以设想一个类似的立方体智力游戏，但是我们没有办法在实际上做到，除非将其切开来。"如今，81年过去了，皮特·海因找到了一个巧妙的实际解决方法。7个相同的单位立方体位于一个透明的塑料边长为2的立方体内。当这个立方体恰当地倾斜时，重力使一个单位立方体滑进了空穴(带着一声令人愉快的咔嗒声)。每个单位立方体有3个面为黑色，3个面为白色。题目是构建一个所有面颜色相同的边长为2的立方体(除去一个角)，或者所有面是棋盘样的黑白相间图案，或者条纹状图案，等等。

平面版本中的奇偶性原理是否也适用于三维版本呢？从一种模式到另一种，最少需要走几步？推箱子游戏打开了一个关于问题的潘多拉魔盒。

斯堪迅国际是一家丹麦管理与咨询公司，它把超鸡蛋作为公司标志。在1982年，它的全球总部移到了新泽西州的普林斯顿，在那儿斯堪迅普林斯顿

（大家都这么叫）建造了一座奢华酒店及会议中心，它隐匿在25英亩的普林斯顿福雷斯特尔中心内。一个巨大的石头超鸡蛋矗立在酒店门口的广场上。康涅狄格州斯坦福的怡泉（Schweppes）大厦，就在梅里特大道25号出口的南面，形状是一个超椭圆。

查普夫（Herman Zapf）设计了一种字体，其中"碗"形笔画都基于超椭圆。他把它称为"梅莉奥尔"（Melior），因为这个曲线改善了（meliorate）椭圆和矩形之间的关系。你会在霍夫斯塔特（Douglas Hofstadter）的《超幻的话题》（*Metamagical Themas*，1985年）的第284页上发现一张大小写字母的图片，评议则在其第291页上。

1959年，皇家哥本哈根制造了一套小型陶瓷徽章，形状为超椭圆，每一枚都附上一句皮特·海因的格言诗，以及他的一幅说明性配图。1988年，美国斯坦福大学杰出的计算机科学家高纳德和他的太太委托英国剑桥的金德斯利（David Kindersley）工作室把他们最喜欢的格言诗刻在石板上，以超椭圆为外周（见卷首插图）。

第9章 如何三等分一个角

当我关于三等分角的专栏第一次出现在《科学美国人》上时，它导致了众多来信，那些人都怒气冲冲，不相信我的说法，敦促我发表他们的方法，或者告诉他们，他们哪里错了。这篇专栏文章在本书第一版中的重印，又导致了类似的来信。基于我早先看过的信，我想用以下形式的信来回应：

　　得知您解决了一个打败了过去几个世纪以来所有最伟大的数学家的问题，我被震惊得晕头转向。将您优美的解法公之于众，将令所有在世的数学家彻底颜面无光。他们永远无法理解，像您这样仅仅是一位业余爱好者，是如何

在他们失败的地方上获取了如此出色的成功。因此，为了让他们免此羞辱，我将您的稿件退回，并且真诚地请求您能立即销毁它。

1983年，一位先生给我寄来了一张100美元的支票，请求我指出他证明中的缺陷。这很容易发现。他立即寄来另一个作图方法，其中消除了我提到的缺陷，但又犯了另一个错误。在一次徒劳无功的通信后，我退回了那张支票。这导致了一封破口大骂的来信，我决定不予回应。最好的做法，是退回所有这类证明，并附一个说明，说你无法胜任评价这个证明的工作。如果你心肠冷酷一点儿的话，你可以向他推荐一位他应该寄去其证明的专家，然后把另一位三等分角爱好者的名字和地址提供给他。

我处理掉了我关于三等分角的不太丰富的档案，将所有的小册子和信件都转给了达德利（Urderwood Dudley），他在他1987年的那本精彩的《三等分角一箩筐》（*A Budget of Trisection*, Spring-Verlag, 1987）中很好地用到了其中一些材料。达德利的收藏远超过我，并且现在可能是世界上数量最大的了。如果您，亲爱的读者，三等分了一个角，请别将它寄给我。把它寄给印第安纳州格林卡斯尔，迪堡大学数学系的达德利，邮政编码46135。他不会嘲笑你的作品，你可能会发现，它会出现在他的专题论著的一个修订版中。

上海科技教育出版社业经Big Apple Agency 协助

取得本书中文简体字版版权

责任编辑　卢　源　李　凌

装帧设计　李梦雪　杨　静

·加德纳趣味数学经典汇编·

歪招、月球鸟及数字命理学

[美]马丁·加德纳　著

楼一鸣　译

上海世纪出版股份有限公司

上海科技教育出版社　出版

（上海市冠生园路393号　邮政编码200235）

上海世纪出版股份有限公司发行中心发行

www.ewen.co　www.sste.com

各地新华书店经销　常熟文化印刷有限公司印刷

ISBN 978-7-5428-6504-5/O·1029

图字09-2013-854号

开本720×1000　1/16　印张11

2017年5月第1版　2017年5月第1次印刷

定价：28.00元